KB009411

북극에서 다산을 만나다

북극에서 다산을 만나다

북극 다산과학기지 탐방기

초판 1쇄 발행 2019년 12월 20일

지은이 김웅서 · 이방용
펴낸이 이원중

펴낸곳 지성사 **출판등록일** 1993년 12월 9일 **등록번호** 제10-916호
주소 (03458) 서울시 은평구 진흥로 68(녹번동) 정안빌딩 2층(북측)
전화 (02) 335-5494 **팩스** (02) 335-5496
홈페이지 www.jisungsa.co.kr **이메일** jisungsa@hanmail.net

ISBN 978-89-7889-430-2 (04400)
ISBN 978-89-7889-168-4 (세트)

이 도서의 국립중앙도서관 출판예정도서목록(CIP)은 서지정보유통지원시스템
홈페이지(http://seoji.nl.go.kr)와 국가자료종합목록 구축시스템(http://kolis-net.nl.go.kr)에서
이용하실 수 있습니다. (CIP제어번호: CIP2019050516)

북극에서 다산을 만나다

북극 다산과학기지 탐방기

김웅서
이방용
지음

지성사

■ 차례

여는 글 … 6

01 북극은 어떤 곳일까? 9

북극은 어디에? … 13 북극과 남극의 차이 … 15

북극해 … 17 북극에 남아 있는 사람의 발자취 … 21

02 북극의 생물 29

북극의 식물 … 31 북극곰 … 35 순록 … 39

북극여우 … 41 북극늑대 … 45 북극토끼 … 46

북극제비갈매기 … 47 북극의 해양포유동물 … 49

03 북극에 우리나라 과학기지가 있다 57

04 북극으로 가기 전에 65

북극의 사전 지식 … 69 왜 극지를 연구할까? … 74
극지 환경을 보호하자 … 77 안전을 위하여 … 80

05 다산과학기지를 가다 83

#첫째 날 … 84 #둘째 날 … 88 #셋째 날 … 99
#넷째 날 … 111 #다섯째 날 … 118 #여섯째 날 … 129
#일곱째 날 … 134

06 북극의 중요성 143

북극은 왜 중요한가? … 144 북극 환경은 깨끗한가? … 149
우리나라의 북극이사회 정식 옵서버 국가 진출 … 151
북극 연구는 왜 할까? … 154

사진 출처 … 159

■ 여는 글

북극 바닷길이 열린다고 한다. 지구온난화로 꽁꽁 얼어 있던 북극해 얼음이 녹으면서 막혀 있던 뱃길이 서서히 열리게 될 전망이다. 말라카 해협과 수에즈 운하를 거쳐 유럽으로 가던 뱃길이 베링 해협과 북극해를 통과하면 항해 거리가 짧아지므로 북극항로에 대한 관심이 높아지고 있다. 북극 동토에 묻혀 있는 자원의 개발 가능성에 대한 기대감도 커지고 있다.

북극 활용 가능성이 높아진다는 기대감 못지않게 우려의 목소리도 높다. 북극이 지구 기후 조절에 중요한 역할을 하고 있는데 지구온난화로 환경이 바뀌게 되면 앞으로 어떤 자연 재해가 우리를 괴롭힐지 모른다. 우리나라 기상과 기후 역시 북극 환경 변화와 무관하지 않다.

북극에 대한 관심이 점점 커지면서 과학적인 연구가 활발하게 진행되고 있다. 우리나라도 북극 다산과학기지를 운영하면서 한국해양과학기술원 부설 극지연구소의 연구원을 비롯하여 많은 과학자들이 이곳을 베이스캠프 삼아 다양한 북극 연구를 수행하고 있다.

필자는 2013년 극지연구소 이방용 박사가 수행하는 사업의 하나로 북극 다산과학기지를 방문하는 기회를 가졌다. 방문 전 북극에 대한 정보를 수집하고, 방문 기간 동안에는 활동 상황을 글과 사진으로 꼼꼼하게 기록하였다. 이렇게 작성된 원고는 2014년 발간 예정이었다. 그러나 사정이 생겨 발간되지 못하다가, 이제 북극 해빙으로 뒤늦게 세상에 나오게 되었다.

앞으로도 많은 과학자들이 북극 다산과학기지를 방문하여 연구를 수행할 것이다. 북극을 찾는 관광객 역시 늘어날 것이다. 이 책이 북극을 찾는 분들에게 조금이나마 도움이 되었으면 한다. 책 발간에 도움을 주신 지성사와 한국해양과학기술원 관계자분들에게 감사의 마음을 전한다.

18세기 조선의 실학을 집대성한 정약용의 호 '다산'을 따와 이름 붙인 북극 다산과학기지가 21세기 대한민국의 과학 위상을 높이는 요람이 되기를 바란다.

이 원고는 2013년 당시 미래창조과학부(한국연구재단)의 '환북극 동토층 환경 변화 관측 시스템 원천기술 개발 및 변화추이 연구' 사업(NRF-C1ABA001-2011-0021063)에서 경비를 지원받아 수행한 북극 다산과학기지 하계 조사 내용을 바탕으로 작성했다.

01
북극은 어떤 곳일까?

Alaska
(U.S.)
Wrangel I.
EAST SIBERIAN SEA
New
Siberian
Islands
Banks I.
Victoria
Island
ARCTIC
OCEAN
Q.Elizabeth I.
Severnaya
Zemlya
North
Pole
Ellesmere I.
Franz Josef
Land
Novaya
Zemlya
Baffin
Bay
Greenland
(DENMARK)
Svalbard
(NORWAY)
Jan Mayen
(NORWAY)
FINLAND
SWEDEN
ICELAND
Faroe Islands
(DENMARK)
NORWAY
Shetland

요즘 해외로 여행을 떠나는 사람들이 많아 유명 관광지는 물론, 지구촌 구석 어디를 가도 한국말을 심심치 않게 들을 수 있다. 그래도 아직은 일반 사람들의 발길이 뜸한 곳이 바로 북극과 남극 같은 가혹한 환경의 극지다. 극지는 관련 분야 전문가가 아니면 갈 수 있는 기회가 거의 없다. 웬만한 곳은 비행기를 한두 번 갈아타면 도착할 수 있지만, 북극의 다산과학기지를 가려면 적어도 세 번 이상 비행기를 갈아타야 한다. 또한 주로 과학 연구를 목적으로 방문하기에 노르웨이와 국내 극지 연구 관련 기관의 사전 승인을 받아야 한다.

가는 길은 멀다. 먼저 우리나라에서 영국 런던이나 프랑스 파리, 또는 독일 프랑크푸르트까지 비행기로 10시간 넘게 날아가 비행기를 갈아타고 노르웨이의 오슬로까지 간다. 오슬로에서 다시 비행기를 갈아타고 트롬쇠Tromsø를 거쳐 스피츠베르겐섬의 롱위에아르뷔엔Longyearbyen으로 간다.

이곳에서 다시 경비행기로 갈아타고 약 30~40분간 날아가야 드디어 다산과학기지가 있는 뉘올레순Ny-Ålesund 과학기

비행기에서 내려다본 뉘올레순 과학기지촌

지촌에 이르는 만만치 않은 여정이다.

남극은 이보다 훨씬 더 길고 복잡한 여정을 거쳐야 한다. 물론 국내 극지 연구 관련 기관과 정부의 허가를 받아야만 갈 수 있다.

북극은 어디에?

북극이란 어디를 말하며, 어떤 곳일까? 북극은 지리적으로 북위 66도 30분(66.5도)보다 높은 위도 지역을 가리킨다. 그러나 북극에 대한 정의는 여러 가지이다. 나무가 자랄 수 있는 북쪽 산림 한계선보다 더 북쪽을 가리키거나 연중 가장 기온이 높은 7월의 평균 온도가 10℃에 못 미치는 곳을 가리키기도 한다. 이러한 정의에 따르면 어떤 곳은 북위 70도보다 고위도인가 하면, 베링해 같은 곳은 북극의 경계가 남쪽으로 좀 더 내려오기도 한다.

지구의 북극점을 중심으로 북위 66도 30분 이북, 즉 북극권에 속하는 곳은 바다로는 북극해, 육지로는 미국 알래스카 일부, 캐나다 북부, 덴마크령 그린란드 일부, 아이슬란드의 아주 일부, 노르웨이령 스발바르Svalbard 제도, 북유럽 3국인

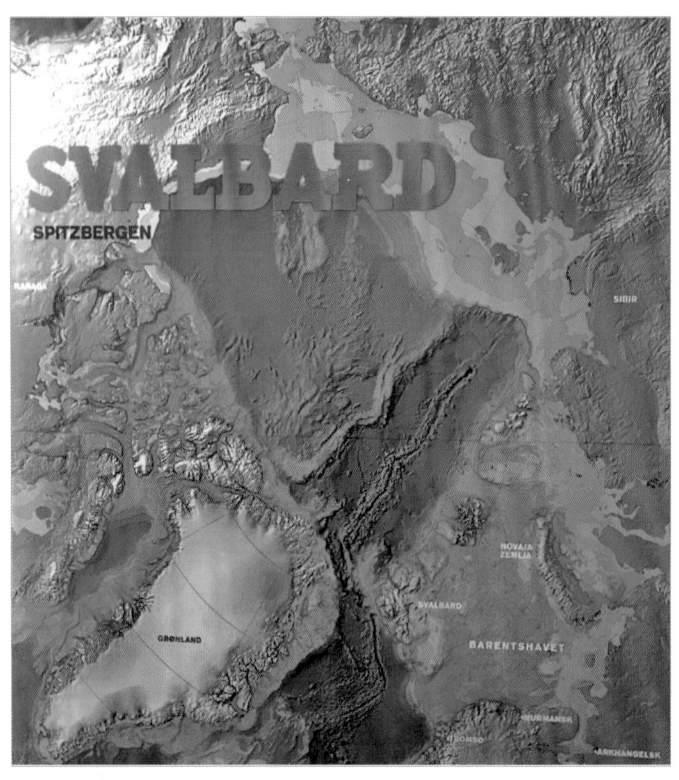

노르웨이령 스발바르 제도

노르웨이, 스웨덴, 핀란드의 북부 그리고 러시아의 북부 지방이다.

북극과 남극의 차이

흔히 지구상에서 극지라고 하면 남극과 북극을 말한다. 북극과 남극은 모두 추운 곳이지만 차이점이 있다. 먼저, 북극은 지구의 북극점을 중심으로 한 고위도 지역이며, 남극은 반대로 지구의 남극점을 중심으로 한 고위도 지역이다.

이처럼 서로 다른 반구에 있기에 계절이 반대가 된다. 북극이 여름이면 남극은 겨울이 되고, 북극이 겨울이면 남극은 여름이 된다.

북극이 하루 종일 깜깜한 겨울이면, 남극은 하루 종일 해가 지지 않는 백야白夜가 일어나는 여름이다. 백야란 지구의 자전축이 23.5도 기울어져 있기 때문에 위도가 남위와 북위 66.5도 이상인 지역에서 여름에는 하루 종일 해가 지지 않는 현상이다. 반대로 겨울에 극지방에서 하루 종일 해가 뜨지

백야 - 노르웨이의 알타(위) 와 극야 - 노르웨이 롱위에아르뷔엔(아래)

않는 현상을 극야極夜라고 한다.

백야와 극야는 서로 다른 반구에서 번갈아 일어나는데, 북반구에서 백야가 일어나면 남반구에서는 극야가 일어나고, 남반구에서 백야가 일어나면 북반구에서는 극야가 일어난다.

한편, 남극은 지구 육지 표면적의 9.2퍼센트를 차지하는 대륙을 태평양, 대서양, 인도양 등의 바다가 둘러싸고 있지만, 북극은 대부분 얼음으로 뒤덮인 바다를 육지가 둘러싸고 있는 지형적인 차이가 있다.

북극해

북극점을 중심으로 북아메리카 대륙과 유라시아 대륙에 둘러싸인 바다를 말하며, '북쪽의 얼어 있는 바다'라는 뜻으로 북빙양北氷洋이라고도 한다. 유럽과 아프리카 대륙에 둘러싸인 지중해처럼 북극해도 일종의 지중해 모습을 띠고 있다.

지구의 가장 북쪽을 가리키는 북극점은 북극해 한가운데 있다. 북극해는 면적이 1409만 제곱킬로미터로 지구 전체 바다의 3.3퍼센트를 차지한다. 평균 수심은 약 1200미터이고, 북극점에서의 수심은 4087미터로 알려졌다. 겨울철에는 북극해 전체가 두께 2~3미터의 얼음으로 뒤덮이며, 여름에는 육지와 가까운 바다 얼음이 녹아 배가 다닐 수 있다.

북극해는 베링 해협을 통해 태평양과 연결되어 있고, 대서양과는 데이비스 해협, 덴마크 해협, 노르웨이해 등으로 연결된다. 크게는 북극해에 속하지만 고유의 이름을 지닌 작은 규모의 부속해가 아주 많다. 이제부터 그 이름을 알아보기로 하자.

베링 해협에서 동쪽으로 가면 척치해Chukchi Sea와 보퍼트해Beaufort Sea가 있다. 캐나다를 지나 그린란드의 북서쪽에는 링컨해Lincoln Sea, 북동쪽에는 완델해Wandel Sea가 있다. 완델해 남쪽에는 그린란드해와 노르웨이해가 있다. 그리고 러시아 북쪽 해안의 서쪽에서 동쪽으로 가면 바렌츠해Barents Sea, 백해White Sea, 카라해Kara Sea, 랍테프해Laptev Sea와 동시베리아해East Siberian Sea가 있다.

이 바다들의 이름은 어떻게 붙였을까? 그곳을 탐험한 항해자나 탐험가의 이름을 따서 붙인 예가 많고, 지역 이름을 붙인 예도 있다. 베링해와 베링 해협은 이곳을 탐험한 덴마크 항해자 비투스 베링Vitus J. Bering, 1681~1741의 이름에서, 척치해는 인근에 살던 사람들의 명칭에서, 보퍼트해는 영국 해군장교이자 수로학자인 프랜시스 보퍼트 경Sir Francis Beaufort, 1774~1857 이름에서 각각 유래했다. 링컨해는 1881~1884년에 탐험대를 지원한 미국 장관의 이름에서 따왔다. 바렌츠해는 네덜란드 항해자 빌럼 바렌츠Willem Barents, 1550~1597 이름에서, 랍테프해는 러시아 탐험가 드미트리 랍테프Dmitry Y. Laptev, 1701~1771 제독의 사촌 하리톤 랍테프Khariton P. Laptev, 1700~1763의 이름에서 유래했다. 완델해, 그린란드해, 노르웨이해, 동시베리아해는 인근 지명이나 국가 이름에서 유래했다.

이제 북극해의 바닥이 어떻게 생겼는지 살펴보자. 요즘은 해양과학장비가 발달하여 바닷속 지형을 손바닥 들여다보는 듯이 알 수 있다. 북극해의 바닥은 크게 해양분지, 해저산맥, 대륙붕으로 이루어졌다. 북극점 주변 바닥에는 북극해 가운데 가장 수심이 깊은 프람 분지Fram Basin가 있고, 캐나다와 알래스카 북쪽에는 캐나다 분지Canada Basin가 있다. 프람 분지 가장자리를 따라 북극점 근처를 지나서 그린란드 북쪽까지 이르는 해저산맥이 있다. 한편, 러시아 북쪽 바다에는 광대한 대륙붕이 펼쳐져 있으며, 그린란드 주변, 캐나다와 알래스카 연안에도 대륙붕이 발달했다.

북극해의 대표적인 해류는 난류인 노르웨이 해류와 한류인 동그린란드 해류이다. 노르웨이 해류는 대서양에서 노르웨이해를 거쳐 대륙 연안을 따라 북극해 내부까지 흐른다. 따뜻한 남쪽에서 북쪽으로 흐르기 때문에 북극해로 열을 운반하는 역할을 한다. 반면, 동그린란드 해류는 북극해에서 그

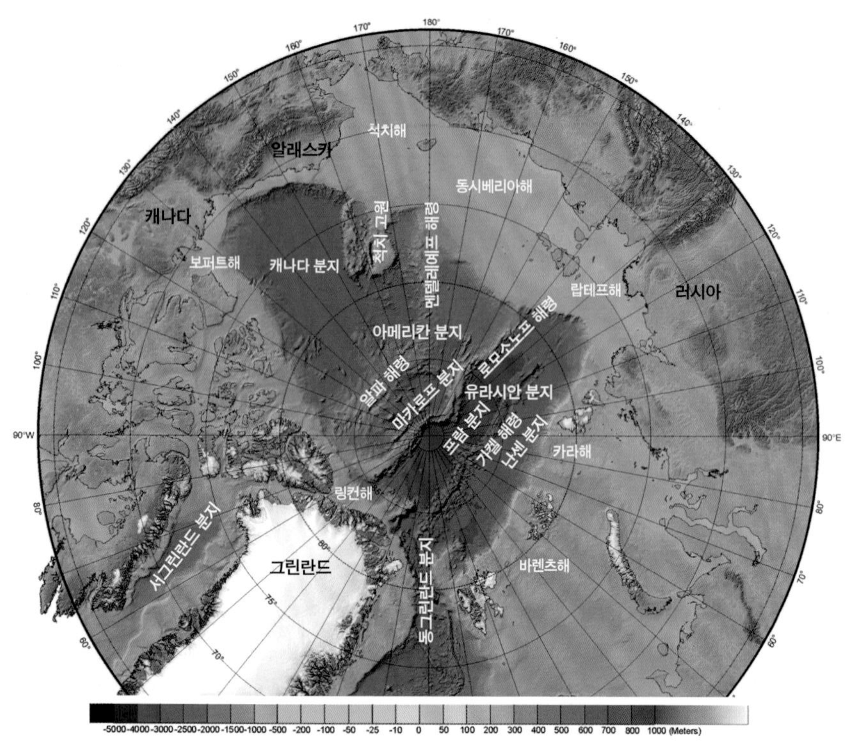

북극해의 해저 지형

린란드 동쪽 해협을 거쳐 대서양 쪽으로 흐른다. 태평양 쪽에서는 베링 해협을 거쳐 태평양 바닷물이 북극해로 들어간다.

북극해 바닷물은 수심에 따라 북극 표층수, 북극 중층수, 북극 심층수, 북극 저층수 등으로 나뉘는데 각각 특성이 다르다. 온도가 낮고 염분이 높은 바닷물은 밀도가 크고 무거우므로 수심이 깊은 곳에 자리 잡는다.

북극에 남아 있는 사람의 발자취

북극에는 사람이 살 것 같지 않지만, 기원전부터 이누이트의 조상들이 살고 있었다. 이누이트Innuit는 캐나다 원주민 말로 '사람들'이란 뜻이 있다. 예전에는 '날고기를 먹는 사람'이라는 뜻인 에스키모Eskimo라 불렀다. 그러나 에스키모가 원주민을 비하하는 의미가 있다 하여, 1977년부터 북극권에 살고 있는 원주민을 이누이트라 부르기로 했다.

이누이트는 캐나다, 알래스카, 그린란드, 시베리아 등 북극지방에서 짐승을 사냥하거나 물고기를 잡으며 생활한다. 이누이트족 이외에도 척치족, 유픽Yupik족, 코랴크Koryak족, 사미Sami족 등 소수의 원주민들이 있다. 이들은 가혹한 북극 환경에서도 민족 고유의 언어와 문화를 지켜왔다. 그러나 이주민과 함께 서구문화가 유입되어 소수 민족의 언어와 전통이 점점 자취를 감추거나 이미 사라지기도 했다.

과거 기후 연구 결과에 따르면, 서기 800년대 후반에서 1100년대까지는 북반구가 따뜻했다. 이때 노르웨이 바이킹족이 그린란드에 정착했다. 기후가 따뜻하여 여기저기 초원이 형성되었고, 초창기 이주민들은 이곳을 '녹색 땅'이란 의미로 그린란드라 불렀다. 이후 아이슬란드에 살던 사람들이 그린란드로 왔다. 하지만 1500년대 들어서 날씨가 다시 추워지자 유럽인들은 그린란드를 떠났다.

1700년대 북극은 짐승의 모피를 얻으려는 사냥꾼들의 활동 무대였다. 가죽을 얻기 위해 물개 사냥을 시작한 지 겨우 40년 만에 물개가 멸종 위기에 처했다. 물개 숫자가 줄어들자 대신 코끼리해표를 잡다가 이마저 줄어들자 고래를 사냥하기 시작했다. 1982년 국제포경위원회IWC에서 상업포경을 금지할 때까지 약 300년 동안 스피츠베르겐Spitsbergen섬 인근에서 포경업이 번성했다.

북극이 대륙인지 바다인지를 놓고 논란을 벌인 때도 있었다. 이 논란은 노르웨이 탐험가 프리드쇼프 난센Fridtjof Nansen, 1861~1930이 해결했다. 난센은 시베리아 인근 바다에서 난파한 자넷*Jeannette*호의 잔해가 북극을 거쳐 그린란드 인근 해안에서

해양포유류 사냥(스발바르 박물관 전시 그림)

발견된 사실을 알고는 바닷물이 얼더라도 견딜 수 있는 배를 만들어 북극 얼음을 따라 표류하면 북극을 가로지를 수 있으리라 생각했다. 그는 얼음에 갇혀도 부서지지 않도록 특별히 제작한 프람*Fram*호를 타고 1893년부터 1896년까지 3년 동안 북극해를 탐험해 북위 86도까지 도달했다. 이로써 북극은 바다로 되어 있다는 사실을 확인했다.

북극 탐험에서 로알 아문센Roald Amundsen, 1872~1928을 빼놓을 수 없다. 그는 1926년 5월 12일 비행선 노르게*Norge*호를 타고 북극점에 도달했다. 비행선은 지금 북극 다산과학기지가 있는 뉘올레순에서 출발했으며, 당시 비행선을 띄우는 데 사용

프람호 박물관에 있는 난센 동상과 프람호

한 철탑이 지금도 남아 있다.

북극 탐험 역사에서 미국 탐험가 로버트 피어리Robert E. Peary, 1856~1920도 빼놓을 수 없다. 피어리는 1893~1894년 그린란드 북동지역까지 개썰매로 탐험했다. 비록 그전에도 그린란드에서 극지를 탐험했지만, 이 탐험이 본격적으로 북극점에 도달하려는 첫 번째 시도였다.

비행선 띄우는 데 사용한 철탑

1898~1902년에는 그린란드 북서부와 캐나다 북극권에서 북극점까지의 경로를 답사했다. 북극점에 도달하려는 두 번째 시도에서 피어리는 루스벨트호를 타고 1905년 캐나다 북부 엘즈미어Ellesmere섬의 셰리든Sheridan곶까지 항해했다. 그곳에서부터 썰매를 이용했으나 날씨가 나쁘고 얼음 상태가 좋지 않아 북위 87도 06분까지 갈 수밖에 없었다.

1908년 피어리는 세 번째 시도를 위해 엘즈미어섬으로 돌아왔고, 다음해 3월 초 컬럼비아곶을 떠나 1909년 4월 6일 북극점에 도달했다. 피어리가 인류 최초로 북극점에 도달했다고 알려졌지만, 그의 1908~1909년 탐사일기와 다른 자료를 검토한 결과 그가 정말 북극점에 도달했는지 의심하는 사람도 있다. 피어리가 도달했다고 생각한 북극점이 실제로는 북극점에서 50~100킬로미터 떨어진 곳이라는 것이다. 지금도 북극점에 가장 먼저 도달한 사람이 누구냐에 대한 논란이 있다.

19세기 말부터는 과학자들의 북극 탐사가 활발해졌다. 1882~1983년에 '국제 극지의 해IPY: International Polar Year'가 처음으로 등장하여 세계 11개국 과학자들이 공동으로 북극 연구를 했다. 그로부터 50년 뒤인 제2차 '국제 극지의 해'가 1932~1933년에 지정되어 1차 때보다 훨씬 더 많은 40개국 과학자들이 참가하여 북극 탐사를 진행했다. 이때는 오로라, 지자기, 기상 등을 관측했다.

1957~1958년 제3차 '국제 극지의 해'에는 '국제 지구물리의 해IGY: International Geophysical Year'라는 이름으로 극지 연구에서 지구 전체 연구로 확대되었다. 처음에는 46개국 과학자들이 탐사에 참여했으나 끝날 무렵에는 67개국 과학자들이 참여했다. 이때는 북극 연구뿐만 아니라 남극 연구도 진행되었다.

2007~2008년에는 '국제 지구물리의 해' 50주년 기념으로

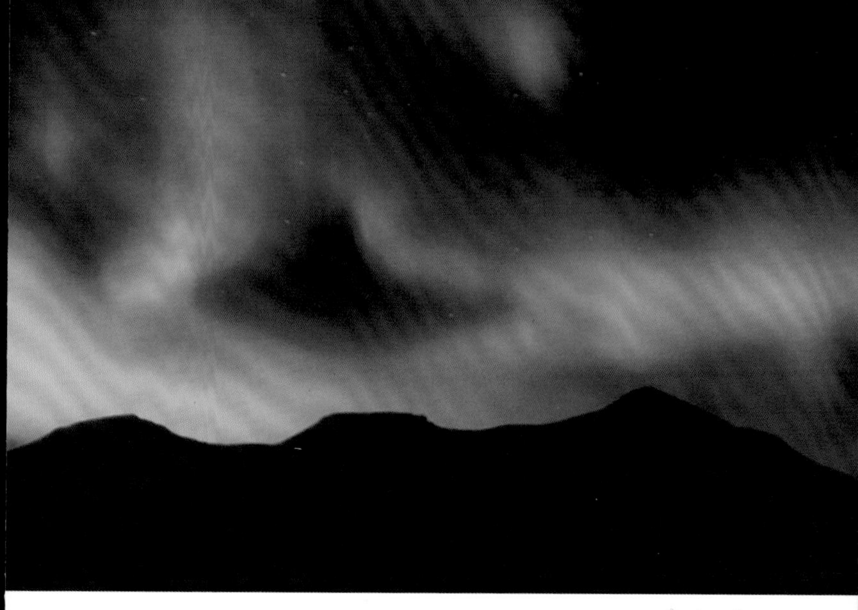

세계 각국이 참여하여 대대적인 지구 관측이 이루어졌다. 이때 우리나라를 비롯한 전 세계 63개국 과학자들이 참가하여 많은 연구 과제를 수행했다.

우리나라 사람들도 북극 탐험에 빠지지 않았다. '오로라 탐험대'의 최종렬, 신정섭 대원이 1991년 5월 7일 현지 시각 새벽 1시에 북극점에 도달했다.

위성으로 확인한 결과 그가 도달한 곳은 북위 89도 59분 58초로 북극점에서 2초 떨어져 있었지만, 극점에서는 1분의 오차를 적용하는 국제 규정에 따라 한국인으로는 북극점에 처음 도달한 역사적인 사건을 기록했다. 피어리의 북극 탐험 이후 국가로서는 11번째, 북극탐험 팀으로는 18번째로 이룬 쾌거였다.

1995년 허영호를 대장으로 한 '북극해 횡단 탐험대'가 걸어서 다시 북극점에 도달했다. 이어 2005년 5월 산악인 박영석이 북극점에 도달하면서 8000미터급 14봉과 7대륙 최고봉, 그리고 남극점과 북극점을 모두 밟은 세계 최초의 한국인이 되었다.

02
북극의 생물

Alaska
(U.S.)

Bering Strait

Arctic Circle

Wrangel

EAST SIBERIAN SEA

BEAUFORT SEA

New Siberian Islands

Banks I.

ARCTIC OCEAN

Victoria Island

Q.Elizabeth I.

Severnaya Zemlya

North Pole

Ellesmere I.

Franz Josef Land

Baffin Bay

Novaya Zemlya

Greenland
(DENMARK)

Svalbard
(NORWAY)

Jan Mayen
(NORWAY)

FINLAND

SWEDEN

ICELAND

Faroe Islands
(DENMARK)

NORWAY

Shetland

북극 자연환경의 가장 큰 특징은 여름과 겨울의 기온차가 아주 크며, 고도가 낮은 곳에는 툰드라tundra 초원이 펼쳐져 있다는 점이다. 툰드라는 땅 밑에 일 년 내내 녹지 않는 영구 동토東土가 있고, 그 위 표층은 여름에 기온이 올라가면 녹아서 습지가 되는 땅을 말한다. 북극권 근처에 널리 분포하며, 얼어 있는 땅이라는 뜻에서 동토대라고도 한다.

여름에는 툰드라 지대에 선태류와 지의류가 자라며, 야생화가 피기도 한다. 여름이 되면 툰드라 습지에 파릇파릇 돋은 식물을 뜯어먹는 순록들을 자주 볼 수 있다.

북극 환경이 비록 거칠기는 하지만 사막처럼 황량하지는 않다. 비록 여름 한철이지만 지의류와 선태류, 풀이 자라고, 북극곰, 바다사자, 물범과 고래 종류, 북극여우, 북극제비갈매기 등 다양한 동물이 살고 있다.

북극의 식물

북극 하면 너무 추워서 식물이 자라지 않을 것이라고 생각하기 쉽다. 그러나 여름이 되어 저지대 툰드라의 눈이 녹기 시작하면 긴 겨울의 추위를 이겨낸 선태류, 지의류, 풀이나 키가 작은 나무가 자란다. 곤충도 볼 수 있다.

지의류地衣類는 조류藻類와 균류菌類가 함께 사는 공생생물을 가리킨다. 조류로는 남조류나 녹조류가, 균류로는 자낭균류나 담자균류가 관여한다. 흔히 곰팡이라고도 하는 균류는 균사로 물을 흡수하여 조류가 필요한 수분을 제공하며, 조류는 광합성을 하여 자신과 균류에게 필요한 영양분을 만든다.

지의류는 바위나 돌 표면, 나무껍질 등에 붙어 자라며 땅을 덮고 있는 모습이 옷을 입은 것 같아 붙인 이름이라고 한다. 지의류를 이끼라고 혼동하기도 하는데, 이끼는 지의류가

북극지방의 이끼류

아니라 선태류이다.

이끼식물이라고도 하는 선태류蘚苔類는 줄기와 잎의 구별이 있거나, 구별 없이 엽상체 형태라도 조직이 분화되어 있지 않다. 헛뿌리가 있지만 물을 흡수하지는 못한다. 번식은 씨를 맺지 않아 포자로 한다. 성숙한 포자는 포자낭 밖으로 날아가 땅에 떨어져 수분이나 온도, 빛 조건이 맞으면 발아한다. 이끼는 수분을 저장하는 능력이 뛰어나서 원예나 의약품으로도 이용된다.

지구온난화로 기온이 올라가고 북극의 얼음이 녹으면서

과학기지촌의 북극 툰드라 식물 3종
① 다발범의귀 ② 물범의귀
③ 북극이끼장구채

롱위에아르뷔엔의 북극 툰드라 식물 4종
④ 유황미나리아재비 ⑤ 흰풍선장구채
⑥ 북극점나도나물 ⑦ 자주범의귀

북극 생태계가 점차 바뀌고 있다. 빙하가 녹으면 빙하로 덮여 있던 땅이 드러난다. 시간이 지나면서 흙이 쌓이고, 식물이 자라기 시작한다. 하얀 설원이 푸른 초원으로 바뀌어 가는 것이다.

과학자들은 북극 다산과학기지 주변에서 식물 군집이 어떻게 바뀌는지 연구하고 있다. 극지연구소의 이유경 박사는 2010년과 2013년까지 다산과학기지 주변과 롱위에아르뷔엔 일대, 그린란드 자켄버그Zackenberg, 미국 알래스카, 캐나다 캠브리지만 주변에서 관찰한 식물에 관한 책 『북극 툰드라 식물』(2012년), 『북극 툰드라에 피는 꽃』(2014년)을 출간했다. 이 책들에는 북극 툰드라 지대에서 자라는 식물 108종의 사진과 설명이 실려 있다.

북극곰

북극을 대표하는 동물은 단연 북극곰으로, 북극과는 떼려야 뗄 수 없는 동물이다. 북극곰은 생물 분류학상 포유동물강 식육목 곰과에 속한다. 식육목에 속하는 만큼 먹이는 주로 바다표범, 물고기, 순록, 바닷새 등이지만, 여름에는 나무 열매나 해조류와 같은 식물성 먹이도 먹는다. 북극곰의 학명 *Ursus maritimus*는 '바다의 곰'이라는 뜻이다. 이름대로 북극곰은 수영선수이다.

북극곰은 여느 곰과 달리 털이 하얗기 때문에 백곰이라고도 한다. 그러나 털만 하얗지 속살은 검다. 털갈이를 하고 나면 털이 하얀빛이지만 시간이 지날수록 누런빛으로 바뀐다. 털도 실제로는 우리 손톱처럼 반투명하며 빛의 반사로 하얗게 보이는 것이다.

북극곰 가족

발바닥에는 털이 많아 미끄러지지 않고 얼음 위를 걸어 다니기에 알맞다. 한마디로 천연 눈신발snowshoes을 신고 다니는 셈이다.

수컷의 몸길이는 190~250센티미터, 암컷은 170~250센티미터로 수컷이 암컷보다 몸집이 크다. 몸무게는 수컷이 300~800킬로그램, 암컷이 150~500킬로그램으로 수컷이 두 배 정도 무겁다.

북극곰의 수명은 25~30년이다. 암컷은 3~4년이 되면 새끼를 낳을 수 있으며, 짝짓기는 4~5월에 한다. 암컷은 한 해걸러 한 번씩 새끼를 낳으며, 임신 기간은 195~265일이다. 암컷은 눈 속에 굴을 파고 들어가 12월부터 1월 사이에 새끼를 1~2마리 낳는다.

북극곰은 북극권에 널리 분포하며, 얼음으로 뒤덮인 섬이나 육지의 바닷가에 주로 산다. 영하 40도의 추위와 강풍을 견뎌야 하는 북극곰의 피부는 지방층이 10센티미터나 되어 단열성이 뛰어나 체온 손실이 거의 없다. 피부에는 약 5센티미터의 짧은 털이 촘촘히 나 있고, 바깥쪽에는 방수가 되는 10센티미터 이상의 긴 털이 나 있어 체온 유지에 도움이 된다.

북극곰은 추운 겨울에는 겨울잠을 잔다. 그러나 깊이 잠들지 않아 중간에 깨어나서 활동하기도 한다.

육식성인 북극곰이 좋아하는 먹이는 물범이다. 물범은 숨을 쉬기 위해 얼음 밖으로 얼굴을 내밀어야 한다. 이때가 북극곰에게는 물범을 잡을 수 있는 절호의 기회이다. 물범은 숨을 쉬려고 얼음 구멍을 여러 개 뚫고, 북극곰은 물범이 어느 구멍으로 머리를 내밀지 예측하고 기다린다.

물범의 콧수염은 아주 미세한 진동도 감지할 수 있어 얼음 위에서 북극곰이 움직이는 진동을 알아차릴 수 있다. 또 북극곰은 아주 작은 소리를 들을 수 있어 물범이 멀리서 얼음

수영하는 북극곰

깨는 소리를 듣고 먹잇감이 어디 있는지 알아차릴 수 있다.

이처럼 북극곰과 물범 사이에는 먹고 먹히는 숨 막히는 신경전이 벌어진다.

북극곰은 눈 속에 숨어 있는 먹이를 잡아먹기도 하고, 물 속에서 헤엄치며 먹이를 잡기도 한다. 여름처럼 먹잇감을 구하기 어려울 때에는 육식성이기는 해도 식물성 먹이를 먹기도 한다.

순록

순록*Rangifer tarandus*은 포유동물강 소목 사슴과에 속한다. 몸길이는 120~220센티미터, 몸무게는 60~318킬로그램이다. 사슴 종류는 수컷만 뿔이 있지만, 순록은 예외라 암수 모두 뿔이 있다. 뿔은 나뭇가지처럼 여러 갈래로 나뉘어 있다. 털색은 다양하지만 등은 회갈색이고, 배와 다리는 등보다 옅은 색을 띤다. 겨울이 되면 털색은 더 옅어진다. 추위에 견디기 위해 억센 보호용 털보다 짧은 잔털이 많이 나 있다.

짝짓기 철이 되면 수컷은 암컷 무리를 거느리고 여러 암컷과 짝짓기를 한다. 순록의 초산 나이는 1.5~3.5년이며, 보통 매년 1마리씩 낳는다. 10월에 짝짓기를 하고 임신 기간 227~229일이 지나면 봄인 5~6월 초에 새끼가 태어난다.

순록은 주로 여름철 툰드라에 자라는 이끼를 뜯어먹으며,

순록

겨울철에는 먹이를 찾아 남쪽에 있는 아한대 침엽수림인 타이가taiga 숲으로 무리 지어 이동한다. 무리마다 서식지와 이동 경로가 거의 일정하며, 매년 이동을 되풀이한다.

순록은 북극에 사는 사람들에게 중요한 동물이다. 고기와 내장, 피, 젖은 식용으로, 가죽은 옷이나 신발, 집을 지을 때, 뼈와 뿔은 칼과 같은 연장이나 장식품 등을 만들 때, 힘줄은 끈으로 사용된다. 그래서 원주민은 오래전부터 순록을 가축으로 기르기도 했다.

북극여우

북극여우*Vulpes lagopus*는 생물 분류학상 포유동물강 식육목 개과에 속한다. 몸길이 50~60센티미터, 꼬리길이 25~35센티미터에 대체로 작은 동물이다. 몸무게도 5킬로그램가량이다. 북극 다산과학기지 주변에서 본 북극여우도 작은 강아지만 한 크기였다. 암컷은 수컷보다 조금 더 작다.

북극여우는 주변 환경에 따라 몸 색깔이 바뀌는 카멜레온과 같다. 털이 계절에 따라 여름에는 어두운 갈색이나 푸른빛이 도는 회색, 겨울에는 하얀색을 띤다.

이끼나 풀이 자라는 여름에는 어두운 색을, 주변이 온통 흰 눈으로 덮인 겨울에는 밝은 색 털이라야 포식자를 피하고, 먹이동물의 눈에 띄지 않고 접근하기가 좋을 것이다. 털 색깔이 바뀌는 것은 일종의 보호색이다. 그러나 지역에 따라 겨울에도 털이 푸른색인 북극여우도 있다. 유전적으로는 푸른색 털이 우성이지만, 하얀색 털이 보호색이라 더 많이 생존할 수 있었을 것이다.

북극여우는 보통 수컷 1마리와 암컷 2마리, 그리고 그해 태어난 새끼로 무리를 이룬다. 암컷 2마리 중 한 마리는 수컷과 짝짓기하여 새끼를 낳고, 다른 한 마리는 새끼를 돌보는 역할을 맡는다. 보통 바로 앞의 해에 태어난 암컷 가운데 한 마리가 새끼를 돌본다.

2~5월에 짝짓기를 하고 임신 기간 7~8주를 거쳐 4~7월에 새끼를 낳는다. 암컷은 1년에 한 번 출산하며, 한배의 새끼 수는 환경에 따라 다르지만, 일반적으로 6~12마리이다. 암컷은 출생 후 10개월쯤 지나면 성적으로 성숙해진다.

북극여우는 굴을 파서 보금자리를 만들고 출산과 양육을 한다. 굴은 복잡한 미로처럼 되어 있으며 출입구도 여러 곳에 만든다. 태어난 지 3~4주가 지나면 새끼 여우들은 굴 밖으로 나와 활동한다. 새끼 때는 털이 어두운 갈색이지만, 자랄수록 흰색으로 바뀐다.

북극여우는 귀가 작고 주둥이도 짧다. 귀가 큰 사막여우와 비교하면 북극여우의 귀는 정말 작다. 왜 그런 모습일까?

북극여우

사막여우(서울대공원)

생태학에는 '앨런의 법칙Allen's rule'이 있다. 체온이 일정한 항온동물(온혈동물)의 경우, 추운 곳에 사는 동물이 더운 곳에 사는 동물보다 귀, 코, 주둥이, 팔, 다리, 꼬리처럼 몸의 돌출 부위가 작다는 법칙이다. 돌출 부위가 크면 몸의 표면적이 늘어나 체온을 많이 빼앗기기 때문에 추운 곳에 사는 항온동물은 귀나 코, 주둥이가 작다. 반대로 사막여우는 더운 사막에 살기 때문에 귀가 커서 그만큼 몸의 열을 밖으로 잘 내보낼 수 있다.

북극여우는 아시아 대륙의 북부, 북유럽, 그린란드 그리고 아메리카 대륙 북부에 널리 살고 있다. 북극여우가 사는 곳은 주로 툰드라 지대이지만, 북극해의 붕빙(바닷물에 떠 있는 표면이 평평한 얼음덩어리) 위에서도 산다. 먹이를 찾아서 남쪽으로 침엽수림 지대까지 내려오기도 한다. 북극여우는 매우 활동적이라 새로운 곳을 찾아 1000킬로미터 넘게 이동하기도 한다.

북극여우는 레밍이나 쥐와 같은 설치류를 주로 잡아먹는다. 그러나 북극에는 먹이가 부족하여 무엇이든 가리지 않고 먹는다. 북극에 사는 새들의 알이나 새끼도 중요한 먹잇감이며, 북극곰이나 북극늑대가 먹고 남긴 찌꺼기도 먹는다. 해안에 사는 북극여우는 바닷가에서 바다동물의 사체도 먹는다. 먹이가 많을 때는 겨울에 대비하여 먹이를 숨겨놓기도 하며, 배가 고플 때는 식물도 가리지 않고 먹는다.

북극늑대

북극늑대*Canis lupus arctos*는 포유동물강 식육목 개과에 속하며, 회색늑대의 아종이다. 몸길이는 평균 120~165센티미터, 몸무게는 평균 35~45킬로그램이다. 암컷은 수컷보다 약간 작고 가볍다. 털은 흰색 또는 크림색이고, 식육목답게 송곳니가 길고 날카롭다. 캐나다 북부, 알래스카, 그린란드 북부에 걸쳐 분포한다.

북극늑대는 보통 7~10마리가 떼를 지어 다니며, 때로는 30마리 정도가 몰려다니기도 한다. 북극권에 살지만 얼음이 덮인 곳에는 살지 않는다.

암컷은 태어난 지 2~3년이 지나면 성숙해서 번식을 하며, 임신 기간 53~61일을 거쳐 새끼를 4~5마리 낳는다. 수명은 7년 정도이다.

북극토끼

북극토끼*Lepus arcticus*는 포유동물강 토끼목 토끼과 토끼속에 속한다. 몸길이는 60센티미터 내외이고, 몸무게는 보통 4~6 킬로그램이다. 수명은 5년 정도이다. 토끼 종류 가운데 큰 편이며, 특히 일어섰을 때 다른 종류에 비해 키가 크다. 그러나 귀는 다른 종류보다 짧다.

북극토끼는 그린란드 툰드라 지대, 캐나다 북부 등에 분포한다. 북극토끼의 털은 흰 눈이 덮인 겨울에는 흰색이지만, 여름에는 회색으로 바뀐다. 다른 토끼처럼 한 번에 8마리까지 새끼를 낳는다. 새끼는 8~9주 어미의 보살핌을 받은 뒤 독립한다. 북극토끼는 초식성으로 초여름에는 범의귀가 주된 먹이이며, 천적은 북극늑대, 북극여우, 북방족제비, 매, 부엉이 등이다.

북극제비갈매기

북극제비갈매기*Sterna paradisaea*는 도요목 제비갈매기과에 속하는 바닷새로 유럽, 아시아, 북아메리카의 북극권과 아북극권에 광범위하게 분포한다. 몸길이는 33~39센티미터, 날개를 펼쳤을 때 길이는 76~85센티미터이다. 등 부분의 깃털은 회색, 배 부분의 깃털은 흰색이다. 머리는 검은색, 부리와 발은 붉은색이며 물갈퀴가 있다. 암수의 겉모습 차이는 없다. 수명은 30년으로 긴 편이며, 34년까지 살았다는 기록도 있다. 먹이로 작은 물고기와 무척추동물을 잡아먹는다.

북극제비갈매기는 바닷새 중에 가장 먼 거리를 이동하는 새로 알려져 있다. 최근 연구에 따르면, 연간 평균 이동거리는 왕복 7만~9만 킬로미터에 이른다. 북극이 비교적 따뜻한 4~8월에 번식을 하며, 겨울이 다가오면 여름철인 남극으로

북극제비갈매기

날아가 겨울을 난다. 일 년에 여름을 두 번 보내는 셈이다.

태어난 지 3~4년이면 번식할 수 있다. 북극제비갈매기 수컷은 구애 행동으로 암컷에게 잡은 물고기를 준다. 짝짓기는 꼬리를 들고 날개를 낮춘 상태로 하며, 짝짓기 후에는 서로 원을 그리며 난다. 암컷은 알을 2개 낳으며, 암수가 함께 둥지의 알을 보호한다. 이 시기에는 수컷이 암컷에게 먹을 것을 가져다 먹인다. 산란 후 22~27일 지나면 부화하고, 갓 깨어난 새끼는 21~24일이 지나면 깃털이 나기 시작한다. 안타깝게도 이 멋쟁이 새의 개체 수가 점점 줄어들고 있다 한다.

북극의 해양포유동물

북극에는 모두 12종의 해양포유류가 살고 있다. 앞에서 설명한 북극곰과 4종류의 고래, 바다코끼리walrus, 6종류의 바다표범이 그들이다. 고래 종류에는 일각돌고래(또는 외뿔고래, narwhale), 흰고래beluga whale, 귀신고래gray whale, 북극고래bowhead whale가 있다. 일각돌고래와 흰고래는 이빨고래 종류이고 귀신고래와 북극고래는 수염고래 종류이다.

일각돌고래*Monodon monoceros*는 머리 앞쪽으로 뿔처럼 길게 뻗어 나온 위턱 왼쪽 송곳니가 특징이다. 돌출된 엄니를 제외한 몸길이는 4.0~5.5미터이며, 몸무게는 800~1600킬로그램이다. 수컷이 암컷보다 조금 크다.

엄니의 길이는 보통 2.5~2.9미터로 거의 몸길이의 절반에 해당한다. 드물게 몸길이만큼 돌출된 개체도 있다. 수컷들은

일각돌고래

이 엄니를 서로 비비는데 서열을 정하거나 엄니를 깨끗하게 하려는 행동으로 보인다.

일각돌고래는 그린란드, 캐나다, 러시아 주변 북극해에 살며, 보통 5~10마리가 떼를 지어 다닌다. 여름에는 여러 무리가 모여 500~1000마리의 큰 집단을 이룬다. 수컷은 11~13년이면 성적으로 성숙하고, 암컷은 그보다 빨라 5~8년이면 번식을 할 수 있다. 수명은 약 50년이다.

일각돌고래는 가자미, 대구와 같은 어류, 오징어, 새우 등을 잡아먹는다. 천적은 북극곰, 범고래, 바다코끼리이며, 원주민 이누이트도 고기와 가죽을 얻으려고 일각돌고래를 사냥한다.

흰돌고래라고도 하는 흰고래*Delphinapterus leucas*의 영어 이름인 벨루가beluga는 러시아어로 '하얗다'라는 뜻이다. 이름대로 몸이 흰색인데 눈과 얼음으로 뒤덮인 북극해에서 북극곰이나 범고래와 같은 천적을 피하기 위한 좋은 보호색이다. 흰고래는 알래스카, 캐나다, 러시아, 그린란드 인근 북극해에 산다. 생긴 모습이 귀여워 수족관에서도 인기 있는 해양포유류이다.

수컷은 다 자라면 몸길이가 약 4.5미터, 몸무게는 약 1600킬로그램 정도로 참돌고래 종류와 참고래 종류의 중간 크기이다. 수컷은 4~7년, 암컷은 6~9년이면 번식을 할 수 있으며, 수명은 30~35년이다. 일각돌고래처럼 무리를 이루며,

흰고래

보통 10마리 정도가 무리를 이루다가 여름이 되면 수백 마리가 떼를 이루기도 한다.

흰고래는 물고기, 연체동물, 갑각류 등 먹이를 가리지 않고 먹는다. 일각돌고래와 같은 과에 속하지만 돌출한 엄니가 없다.

귀신고래*Eschrichtius robustus*는 수염고래의 일종이며 고래수염으로 바닷물 속의 먹잇감을 걸러먹는다. 몸길이는 약 15미터, 몸무게는 36톤에 달하며 북극해에 사는 가장 큰 동물이다. 귀신고래란 이름은 피부 군데군데 얼룩덜룩한 하얀색 또는 회색 반점이 마치 귀신처럼 보인다 해서 붙였으며, 쇠고래라고도 한다. 귀신고래는 오호츠크해에서 우리나라 동해안을 따라 회유하는 무리, 알래스카에서 북미 대륙 서해안을 따라 멕시코의 북서쪽 바하칼리포르니아Baja California주까지 오가는 무리가 있다. 대서양을 따라 회유하는 무리는 이미 멸종

귀신고래

된 것으로 알려졌다.

귀신고래는 우리나라 동해안에도 흔히 볼 수 있었지만, 지금은 마구잡이와 해양 오염으로 멸종 위기에 처해 있는 상태이다. 우리나라를 찾던 귀신고래는 오호츠크해에서 여름을 나고 가을이면 동해안을 따라 울산 앞바다까지 내려와 겨울을 보내고, 봄이 오면 다시 오호츠크해로 가곤 했다. 그러나 최근 30여 년간 동해안에서 발견된 적이 없다.

북극고래*Balaena mysticetus*는 긴수염고래과에 속하는 수염고래의 일종이다. 몸길이는 최대 20미터, 몸무게는 75~100톤이다. 고래 가운데 가장 큰 종류인 대왕고래라고도 하는 흰긴수염고래 다음으로 큰 종류이다. 머리가 아주 커서 몸 전체 길이의 약 40퍼센트를 차지한다. 태평양과 대서양의 북극권에 분포하며, 지방층이 두꺼워 낮은 수온에도 잘 적응할 수 있다.

해양포유류 가운데 헤엄치기 좋게 다리가 지느러미처럼 생긴 기각류pinniped에는 물개과(Otariidae, 바다사자과라고도 함), 바다코끼리과Odobenidae, 물범과Phocidae 3개 과가 있다. 물개는 14종류가 있으며, 바다코끼리는 1종류, 물범은 18종류가 있다.

물개 종류에는 크게 물개, 바다사자, 강치 등이 있다. 겉으로 보기에 비슷해 보이는 물범과 물개는 어떻게 구별할까? 겉모습으로 구별하는 간단한 방법이 있다. 물개는 귓바퀴가 밖으로 드러나 있지만, 물범은 귓바퀴가 밖으로 드러나 있지 않다. 그냥 귓구멍만 보인다. 또 물개는 헤엄칠 때는 뒤쪽으로 뻗어 있지만 땅에 올라와 앉아 있을 때는 뒷다리가 앞쪽으로 접혀 있고, 물범은 헤엄치거나 땅에 올라와 있을 때도 뒷다리가 뒤로 쭉 뻗어 있다.

물범(해표, 바다표범)과 물개(해구) 종류는 남북극에 모두 살지만, 바다코끼리walrus는 북극에만 산다. 영어 이름인 월러스의 어원은 '고래와 말'이라는 뜻이라 바다코끼리를 해마라고 부르기도 했다. 하지만 생김새로 보면 송곳니 2개가 마치 코끼리 상아처럼 밖으로 길게 삐져나와 말보다는 코끼리와 훨씬 닮아 보인다. 수컷 바다코끼리는 몸무게가 2000킬로그램이 넘는, 기각류 중에 코끼리해표 다음으로 큰 종류이다. 보통 800~1700킬로그램이다. 암컷의 몸무게는 수컷의 약 3분의 2정도이다. 몸길이는 2.2~3.6미터이다.

북극해에 사는 물범 종류로는 턱수염바다물범bearded seal, 흰띠박이물범ribbon seal, 고리무늬물범ringed seal, 점박이물범spotted seal, 하프물범harp seal, 두건물범hooded seal이 있다.

바다코끼리

흰띠박이물범

턱수염바다물범*Erignathus barbatus*은 다른 물범에 비해 턱 주변에 수염이 많아 붙인 이름이다. 성체는 회색이 도는 갈색이고, 몸길이는 2.1~2.7미터, 몸무게는 200~430킬로그램이다.

흰띠박이물범*Histriophoca fasciata*은 검은색 몸에 리본을 두른 듯 넓은 흰색 줄무늬가 있다. 고리 모양의 흰색 줄무늬는 목둘레와 꼬리 부분, 그리고 두 앞다리 둘레 모두 4개가 있다. 몸길이는 1.6미터까지 자라고, 몸무게는 최대 95킬로그램이다.

고리무늬물범*Pusa hispida*은 북극해에서 가장 흔하게 볼 수 있는 물범 종류이다. 몸길이는 1.0~1.7미터, 몸무게는 32~140킬로그램이다. 짙은 회색 몸에 은색 고리 모양의 반점이 있다.

점박이물범*Phoca largha*은 북극해는 물론 북극권과 근접한 해역에서도 살며, 백령도 등 우리나라 주변 바다에서도 살고 있다. 몸길이는 1.2~2.0미터, 몸무게는 50~170킬로그램이다.

점박이물범

갈색을 띤 회색 몸에 작은 점무늬가 퍼져 있다.

하프물범*Pagophilus groenlandicus*은 은빛이 도는 회색이며, 등에 검은색 하프 모양의 무늬가 있다. 몸길이는 1.7~2.0미터, 몸무게는 140~190킬로그램이다.

두건물범*Cystophora cristata*은 은색 몸에 짙은 갈색 반점이 있다. 몸길이는 평균 2.6미터로 수컷은 2.6~3.5미터, 암컷은 이보다 조금 작아 2.0~3.0미터이다. 몸무게는 수컷이 조금 더 무거워 190~400킬로그램, 암컷은 140~300킬로그램이다. 수컷은 코에 붉은색의 주머니가 있어 풍선처럼 부풀릴 수 있다.

03

북극에 우리나라 과학기지가 있다

북극 다산과학기지는 노르웨이령 스발바르 제도Svalbard Islands에 속한 스피츠베르겐섬Spitsbergen Island의 뉘올레순Ny-Ålesund 과학기지촌에 2002년 4월 29일 문을 열었다. 위치는 북위 78도 55분, 동경 11도 56분으로 북극권 안에 있다. 북극점에서 약 1200킬로미터, 서울에서는 약 6400킬로미터 떨어져 있다. 서울에서 부산까지 거리가 약 400킬로미터이니 서울에서 부산을 8번 왕복해야 도착할 수 있는 거리이다. 한국과의 시간차는 8시간이다.

우리나라 다산과학기지

다산과학기지 전경

뉘올레순 과학기지촌의 평균 기온은 겨울에는 섭씨 영하 12도, 여름에는 영상 4.5도이다. 북아메리카 동해안을 따라 북상하는 따뜻한 멕시코 만류로 비교적 온난한 편이지만, 겨울에는 아주 춥다.

다산과학기지가 탄생하기까지의 역사를 살펴보자. 우리나라는 북극 연구를 활발하게 수행하려면 북극기지를 설치해야 한다는 연구자들의 요청에 따라 본격적인 북극 진출을 위해 2001년 10월 5일 한국북극과학위원회를 창립했다.

이와 더불어 국제북극과학위원회IASC에 가입하기 위한 노력을 기울였다. 2001년 10월 19일 노르웨이 오슬로에 있는 국제북극과학위원회 사무국에 가입신청서를 직접 전달했으며, 2001년 12월과 2002년 1월에 한국과 노르웨이 정상회담에서 양국 간 북극과학연구 협력과 협력사업의 구체화에 합의했다.

또한 국제북극과학위원회의 가입은 2002년 4월 21~27일 네덜란드 흐로닝언Groningen에서 열리는 총회에 정식 안건으로 채택되어 가입 여부가 최종 결정될 수 있게 준비했다. 2002년 북극기지 설치와 함께 우리나라의 북극 연구 원년으로 기록되는 역사적인 해가 되도록 국내에서는 그해 3월 북극 연구 활성화를 위한 북극권 연구 개발 워크숍을 개최하고, 다양한 연구 과제를 개발하는 등 많은 노력을 기울였다. 이와 같은 노력에 힘입어 4월 25일 국제북극과학위원회 총회에서 만장일치로 우리나라는 회원국이 되었고, 2002년 4월 29일 드디어 대한민국 최초의 북극기지가 탄생했다.

당시 뉘올레순 과학기지촌에는 우리나라 외에 노르웨이, 영국, 독일, 프랑스, 이탈리아, 일본 등의 6개국 기지가 있었다. 이와 더불어 한국해양연구원(현재 한국해양과학기술원) 극지

북극 다산과학기지가 처음 업무를 시작할 당시 사용하였던 로고
우리나라 고조선 탄생의 상징 '환웅'이자 북극의 상징인 북극곰과 북두칠성을 넣었다.

연구 본부에서는 국제북극과학위원회 회원국 가입과 곧 문을 여는 북극 과학기지에 대비하여, 그해 3월 북극기지의 공식 기지 이름을 공모했다.

여러 후보 이름 가운데 조선 후기의 학자이며 실학을 집대성하고 정치 · 경제 · 역사 · 지리 · 문학 · 철학 · 의학 · 교육학 · 군사학 · 자연과학 등 거의 모든 학문 분야에 걸쳐 방대한 저작물을 남긴 정약용의 호인 '다산茶山, DASAN'으로 최종 결정했다. 이는 남극 과학기지를 조선시대 최고의 성군이며 과학 발전에 혼신의 힘을 다한 세종대왕을 기리기 위하여 '세종과학기지'라고 이름 지어 붙인 것처럼, 다산의 이러한 학문적 열정뿐만 아니라 과학적인 폭넓은 사고를 기리고 되새기기 위함이었다.

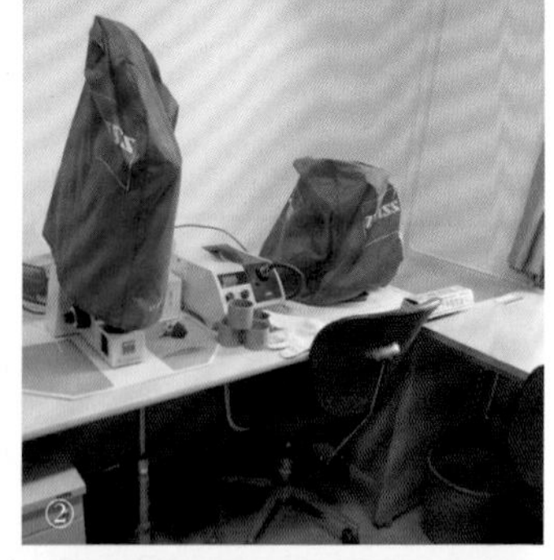

북극 다산과학기지 내부(① 사무실, ②와 ③ 실험실, ④ 복도)

다산과학기지는 프랑스와 공동으로 사용하는 2층 건물에 자리 잡고 있다. 건물 입구에 들어서서 왼쪽 1, 2층 공간을 우리나라가 사용하고, 오른쪽 1, 2층 공간을 프랑스가 사용한다. 기지촌의 모든 시설에 대한 관리와 유지 보수는 노르웨이 국영회사 킹스베이Kings Bay에서 맡고 있으며, 우리나라는 노르웨이 이외의 다른 국가들처럼 이 회사와 계약을 하여 빌려서 사용하고 있다. 따라서 시설물을 관리하기 위해

일 년 내내 이곳에 머물 필요는 없다. 연구원들은 연구에 필요한 기간 동안만 이곳을 방문하여 현장조사를 하는데, 보통 북극의 봄부터 초겨울 사이인 4월에서 10월 사이에 연구 활동을 한다.

2층 건물의 아래층은 모두 실험실로 사용하고, 위층에는 침실과 휴게실, 사무실 등이 있다. 2005년 8월부터 북극연구 체험단의 하계 체험활동을 시작했고, 2010년에는 최대 18명이 머물 수 있게 숙소를 늘렸다. 이어서 2012년에는 샤워실과 화장실 등 편의시설을 늘렸다. 건물의 전체 면적은 216제곱미터이다.

뉘올레순 과학기지촌 경계 안은 대체로 안전하지만, 기지 주변에서 연구 활동을 할 때는 야생동물, 특히 북극곰을 만날 수도 있어 조심해야 한다. 혼자 멀리 나가지 말고 동료들과 함께 움직이며, 총기와 무전기는 항상 가지고 다녀야 한다. 또한 북극곰은 바다에서 곧잘 헤엄을 치기도 하여 고무보트를 타고 탐사할 때도 무전기, 총, 구명복을 갖추고 긴장을 늦추지 말아야 한다.

뉘올레순 과학기지촌에 오랫동안 머무는 연구자나 방문자는 킹스베이의 전문가가 진행하는 총기 사용에 관한 기본

교육과 실제 사격술 등의 교육 프로그램을 거친 뒤 허가증을 받아야만 총기를 휴대할 수 있는 권한이 주어진다. 한편, 빙벽에 너무 가까이 다가가면 자칫 녹아서 떨어지는 얼음 덩어리에 다칠 수도 있으므로 이 또한 조심해야 한다.

04
북극으로 가기 전에

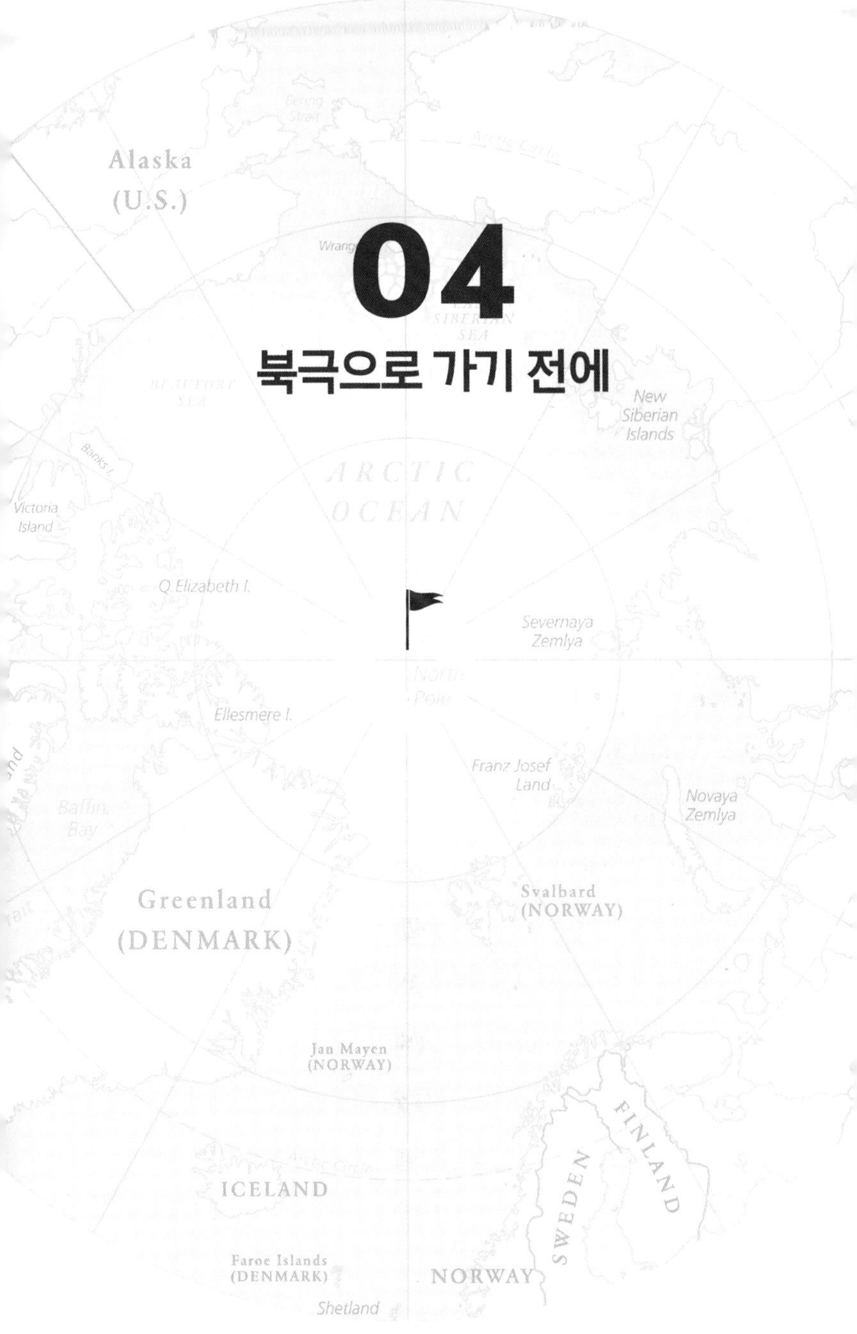

Alaska
(U.S.)
Bering Strait
Arctic Circle
Wrang
SIBERIAN SEA
BEAUFORT SEA
New Siberian Islands
Banks I.
Victoria Island
ARCTIC OCEAN
Q. Elizabeth I.
Severnaya Zemlya
North Pole
Ellesmere I.
Franz Josef Land
Novaya Zemlya
Baffin Bay
Greenland
(DENMARK)
Svalbard
(NORWAY)
Jan Mayen
(NORWAY)
FINLAND
SWEDEN
Arctic Circle
ICELAND
Faroe Islands
(DENMARK)
NORWAY
Shetland

북극 다산과학기지를 방문하거나 또는 남극 과학기지를 방문하려면 그에 앞서 우리나라 극지연구 전문연구기관인 한국해양과학기술원 부설 극지연구소에서 정기적으로 시행하는 극지적응 안전교육을 반드시 받아야 한다. 이는 2004년 3월 22일 제정된 「남극활동 및 환경보호에 관한 법률」에 따라 남극 지역을 방문하는 모든 방문자에 대한 의무사항으로 시작되었으며, 북극 지역 방문자에게도 개개인의 안전과 극지역의 환경보호를 위해서 극지연구소에서 추가로 프로그램을 마련하여 시행하게 되었다.

필자가 참가한 2013년 당시 북극 조사는 7월과 9월 두 차례 걸쳐 실시되었으며, 탐사 참가자를 위한 2013년 전반기 교육이 5월 31일 극지연구소에서 있었다. 대상은 쇄빙선을 이용하여 북극해 현장을 탐사하는 연구팀과 북극 다산과학기지를 방문하여 연구하는 인원이었다.

극지 안전교육의 목적은 가혹한 극지 연구 현장에서 안전하게 연구 활동을 하고, 사고에 대비하여 대응 능력을 기르며, 극지 환경 훼손을 최소화하기 위함이다. 교육 과정을 모두 이수하면 '극지 환경보호 및 안전 교육 이수증'을 받는다. 북극 다산과학기지를 방문하려면 이수증을 반드시 지참해야 한다. 한번 교육을 받으면 3년까지 유효하다.

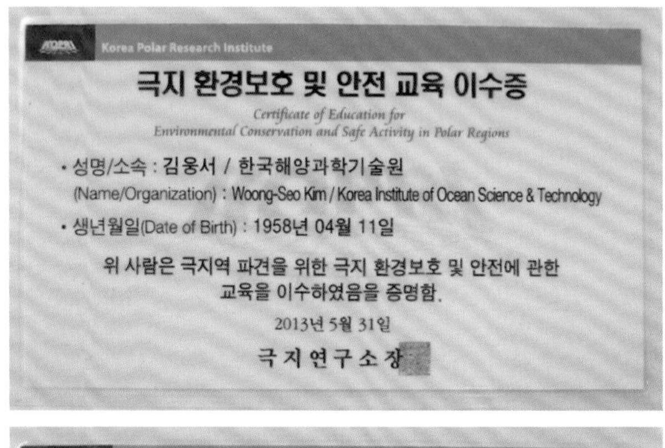

Korea Polar Research Institute

극지 환경보호 및 안전 교육 이수증

Certificate of Education for
Environmental Conservation and Safe Activity in Polar Regions

- 성명/소속 : 김웅서 / 한국해양과학기술원
  (Name/Organization) : Woong-Seo Kim / Korea Institute of Ocean Science & Technology
- 생년월일(Date of Birth) : 1958년 04월 11일

위 사람은 극지역 파견을 위한 극지 환경보호 및 안전에 관한 교육을 이수하였음을 증명함.

2013년 5월 31일

극 지 연 구 소 장

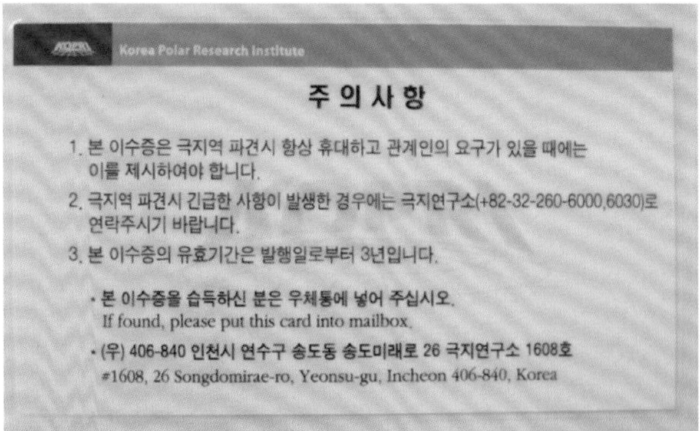

Korea Polar Research Institute

주 의 사 항

1. 본 이수증은 극지역 파견시 항상 휴대하고 관계인의 요구가 있을 때에는 이를 제시하여야 합니다.
2. 극지역 파견시 긴급한 사항이 발생한 경우에는 극지연구소(+82-32-260-6000,6030)로 연락주시기 바랍니다.
3. 본 이수증의 유효기간은 발행일로부터 3년입니다.

- 본 이수증을 습득하신 분은 우체통에 넣어 주십시오.
  If found, please put this card into mailbox.
- (우) 406-840 인천시 연수구 송도동 송도미래로 26 극지연구소 1608호
  #1608, 26 Songdomirae-ro, Yeonsu-gu, Incheon 406-840, Korea

극지 환경보호 및 안전 교육 이수증(위 앞면, 아래 뒷면)

교육 내용은 북극에 대한 기본적인 소개, 연구자들이 과학기지에서 주의해야 할 사항, 만일의 사고에 대비한 응급처치법과 무전기 사용방법 등 실제적인 사항까지 다양하다.

필자도 5월 31일 아침 9시 30분부터 4시까지 하루 종일 이어진 교육에 참여한 뒤 이수증을 받았는데, 이날 교육의 강사로 당시 극지연구소 미래전략실 남상헌 실장(북극 정책), 대륙기지건설단 김지희 박사(극지 환경보호와 관련된 법률), 함석현 네오씨텍 대표(무전기와 위성전화 사용법), 극지안전팀의 박하동 기술원(극지 현장에서의 안전 활동), 기지지원팀 이지영 팀장(다산과학기지에서의 생활 안내), 그리고 세종과학기지 월동연구대의 요원으로 파견될 기지지원팀 소속의 신재원 의사(응급처치법)가 참여하여 각각 강의를 했다.

북극의 사전 지식

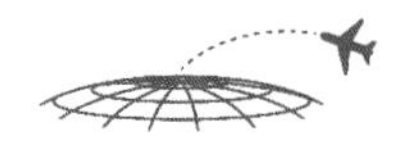

아는 만큼 보인다고 했다. 북극을 방문하기 전에 사전 지식이 있으면 그만큼 많은 것을 보고 배울 수 있다. 교육이 어떤 내용으로 진행되었는지 살펴보자.

먼저, 북극에 관한 기본적인 소개로 시작했다. 북극해는 유라시아 대륙과 북아메리카 대륙 그리고 그린란드로 둘러싸여 있다. 스발바르 제도에서 가장 큰 스피츠베르겐섬에 북극 다산과학기지가 자리하고 있다.

북극과 남극은 모두 극지이지만 북극은 바다, 남극은 대륙이라는 큰 차이가 있다. 북극은 연평균 기온이 섭씨 영하 16~6도이며, 관측된 가장 낮은 온도는 영하 71.6도이다.

남극은 연평균 기온이 영하 40~0도이며, 관측된 가장 낮은 온도는 섭씨 영하 89.2도이다. 이에 따라 남극이 북극보다

북극 툰드라의 이끼류

더 춥다는 것을 알 수 있다.

북극을 대표하는 생물로는 북극곰, 여우, 순록을 들 수 있고, 남극을 대표하는 생물로는 아델리펭귄, 황제펭귄, 남극도둑갈매기 등을 들 수 있다. 북극에는 180여 종의 꽃피는 식물과 지의류가 있다. 하지만 남극에는 꽃피는 식물은 2종뿐이며 주로 지의류와 이끼류가 있다.

남극조약 체계에 적용받는 남극과 달리, 북극은 다양한 규범 체계가 공존하고 있다. 스발바르조약과 같은 지역 협약과 유엔해양법 협약과 같은 다자간 협약이 모두 적용된다.

스발바르조약은 스발바르 제도에 대한 노르웨이의 영유권을 인정하지만, 조약 당사국과 그 국민들도 노르웨이 국민과 차별을 받지 않고 이곳에서 사냥, 광물 채광, 상업 활동을 할 수 있도록 인정한 조약이다. 우리나라도 2012년 9월에 가입했으며, 2019년 현재 총 45개국이 가입한 상태이다.

북극해 가운데 어느 나라에도 속하지 않는 공해를 제외한 전 해역의 영유권은 유엔해양법에 따라 미국, 캐나다, 덴마크, 핀란드, 아이슬란드, 노르웨이, 러시아 등 북극해에 위치한 8개 연안국에 나뉘어 있다.

한편, 국가 간 협의체인 북극이사회Arctic Council와 과학 활동 협의체인 국제북극과학위원회IASC: International Arctic Science Committee 등도 관여하고 있다.

북극이사회에는 북극 연안 8개국과 북극권에 살고 있는 원주민 단체 6개가 상시 참여 그룹으로 활동하며, 우리나라를 비롯한 12개 국가가 옵서버(이사회에 참석하여 발언할 수는 있으나 정식 구성원이 아니어서 의결권이나 발의권이 없음)로 활동하고 있다. 그 밖에 9개의 국제기구, 11개의 비정부단체도 옵서버로 참가하고 있다.

국제북극과학위원회는 북극해와 주변 지역에 대한 과학

적 연구를 장려할 목적으로 1990년에 설립된 비정부조직NGO이다. 회원국은 총 21개국이며, 우리나라는 2002년 4월 25일 네덜란드 흐로닝언에서 열린 총회에서 만장일치로 가입했으며, 이로써 4월 29일 북극 다산과학기지가 문을 열 수 있었다. 만약 이 위원회에 우리나라가 회원국으로 가입하지 못했다면, 다산과학기지는 문을 열지 못했을 것이다.

북극과 관련하여 국제조약 또는 국제기구를 설립하려는 움직임이 있으나, 현재 북극해 연안국은 자국의 북극 활동에 대한 자주권 행사가 위축될 수도 있어 이에 반대하는 입장이다.

우리나라에서 북극 관련 연구의 시작은 1993~1995년에 수행한 '북극 연구 개발을 위한 기초조사 연구'였으며, 1999년에는 극지연구소의 강성호 박사, 정경호 박사 등이 중국의 쇄빙선 설룡雪龍호를 타고 북극해 탐사에 참여했다. 2000년부터 북극해 특성 조사를 시작했으며, 2002년 북극과학위원회에 가입하고 북극 다산과학기지의 문을 열었다.

북극뿐만 아니라 남극 연구의 가장 큰 도약은 2009년 우리나라 최초의 쇄빙연구선인 아라온*Araon*호 건조라고 할 수 있다. 이로써 2010년부터 우리나라는 자주적이며 실질적인 남·북극해 연구와 과학기지 보급 지원 업무를 수행할 수 있게 되었다.

우리나라는 그동안 북극은 물론 남극 등 극지역에서 활발하게 과학 활동을 펼쳐 우수한 성과를 거두었으며, 또한 외교적인 노력으로 2013년 5월에 정식 옵서버 국가가 되었다.

우리나라는 정식 옵서버 진출로 지구상 마지막 미개척지로 남아 있는 북극에 관한 쟁점 논의에 좀 더 안정적으로 참여할 수 있게 되었다. 이로써 북극 항로 개척, 북극 환경보호와 지속가능한 개발, 북극권 자원 개발, 기후변화 대응 등 여러 분야에서 우리나라의 국익을 확보하고 국제사회에 기여할 수 있는 계기를 마련했다.

쇄빙연구선 아라온호

왜 극지를 연구할까?

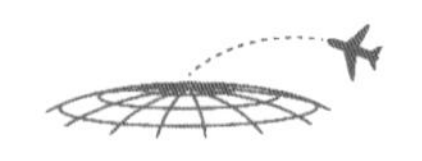

과학자들은 왜 극지를 연구할까?

첫째, 극지는 지구상 가장 청정한 지역으로 지구온난화에 매우 민감하게 반응하므로 그 파급 영향 정도를 연구할 수 있는 최적의 장소이다.

둘째, 극지는 전 세계 바다에서 바닷물이 순환할 수 있는 원동력을 제공한다.

셋째, 지구온난화로 극 지역을 덮고 있는 빙하가 녹는 현상과 이에 따라 해수면이 올라가는 현상 등을 함께 연구할 수 있는 중요한 장소이다. 예를 들면, 극지의 얼음이 다 녹으면 해수면이 60미터 정도 상승한다고 하며, 투발루를 비롯한 도서 국가들은 모두 물에 잠기게 된다.

넷째, 극지는 우주 기원을 밝혀 줄 운석을 연구할 수 있는 좋은 장소이다. 극지는 흰 눈으로 덮여 있어 운석을 찾기가 쉽기 때문이다. 우주 공간을 떠돌던 암석이 지구 중력에 이끌려 지구 표면으로 떨어진 것이 곧 운석이다.

다섯째, 극지는 지구환경 변화의 역사를 간직하고 있는 빙하를 연구할 수 있는 곳이다. 극지방에는 오랜 세월 동안 만들어진 얼음이 있다. 이 얼음을 분석하면 눈이 내리거나 얼음이 만들어지던 당시의 환경을 알 수 있다. 얼음 속에 당시의 대기 성분이 간직되어 있기 때문이다. 그래서 빙하를 '냉동 타임캡슐'이라고 한다.

여섯째, 극지는 혹독한 환경 속에서도 생물이 살고 있다. 극지에 사는 생물은 독특한 생체물질을 만들어 낮은 온도에 적응하는데, 이러한 결빙 방지물질, 저온효소, 자외선 차단물질 등은 산업적으로 활용될 수 있다.

마지막으로 극지는 미래자원의 보고이다. 북극해의 경우 세계 원유와 가스의 25퍼센트가 매장되어 있는 것으로 추정된다. 극지의 수산자원은 전 세계 수산물 생산량보다 훨씬 많지만 아직 미개발 상태이다. 예를 들어 크릴이 이용되지 않고 자연적으로 죽어버리는 양은 인류 전체가 일 년에 먹는 단백질 양과 거의 비슷하다는 연구 결과가 있다. 바닷물의

극지 조류를 연구하는 과학자

식당에서 식사하는 과학자들

온도가 올라가면서 찬물을 좋아하는 수산자원은 점점 북쪽으로 이동하는 경향이 있다. 실제로 북극해에서 잡히는 어류가 점차 늘어나고 있다.

한편, 세계적으로 북극의 광물자원에 대한 경쟁이 점점 치열해지고 있다. 최근에는 북극 항로 개발에 대한 관심이 높아지고 있는데, 이는 지구온난화로 북극의 얼음이 녹아 바닷길이 열리기 시작했기 때문이다.

극지 환경을 보호하자

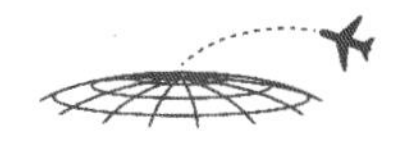

극지연구소 김지희 박사는 "인간이 극지의 혹독한 환경에서 어려움을 겪듯이, 극지 생물도 인간에 의해 어려움을 겪는다"면서 극지 생물을 보호하는 몇 가지 방법을 알려주었다. 가장 좋은 방법은 극지 생물을 그냥 내버려두는 것이다. 만약 공격을 해올 때는 가장 약하게 방어하는 것이 좋다.

예를 들어 남극에서 도둑갈매기가 공격한다면 가지고 있는 스틱이나 모자 또는 손만 높이 들어도 공격을 멈춘다고 한다. 또 펭귄을 만나면 자세를 낮춰 펭귄에게 가볍게 인사해야지, 쫓아가거나 괴롭히지 말아야 한다.

북극의 여름에는 기지 주변에 굴을 파고 사는 북극여우가 사람들 때문에 방해받을 수도 있다. 극지 식물은 추운 날씨 탓에 성장 속도가 아주 느리다. 땅에 깔려 자라는 식물을 밟지 않게 조심해야 한다. 다산기지 근처에도 식물이 자라고 있으니 되도록 눈이 쌓인 곳으로 다니는 것이 좋다.

극지 생태계를 보호하려면 외래종의 유입을 막아야 한다. 남극의 연간 방문자 수는 연구자와 지원 인력이 약 7000명, 관광객은 약 3만 3000명에 이른다고 한다. 남극의 경우 방문자 1명당 평균 9.5개의 종자가 유입된다는 조사 결과가 있다. 옷이나 신발에 달라붙거나 주머니 속에 들어 있던 씨앗이 유입되는 것이다. 따라서 극지방을 방문할 때는 주머니 속은 진공청소기로 비우고, 옷에 묻은 티끌을 깔끔하게 털어내며 신발은 깨끗하게 닦아야 한다.

음식물에 붙어 가는 곤충도 있으며, 연구자들이 실험하려고 가지고 가는 생물도 있다. 많은 생물들은 극지의 추운 날씨에 견디지 못하고 죽어 버린다.

하지만 북극과 남극의 식생植生이 비슷하고, 연구자들이 남극과 북극을 번갈아 방문하면서 북극과 남극 간에 외래종 유입의 위험성이 점점 높아지고 있다. 게다가 지구온난화로 생물이 자랄 수 있는 조건이 좋아지고 있어 예전보다 외래종 문제가 심각해질 수 있다.

생물 시료의 처리에도 조심해야 한다. 실험 후에 남은 오염되지 않은 소량의 토착 생물 시료는 바다에 버려도 되지만, 한 지역에서 다른 지역으로 가져온 생물 시료는 태워야 한다. 특히 배양에 사용된 미생물이나 식물 병원균은 멸균 처리를 해야 한다.

안전을 위하여

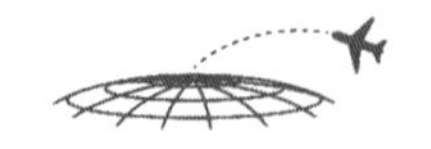

극지는 인간이 활동하기에 결코 편안한 곳이 아니다. 위험한 상황이 언제든 일어날 수 있기 때문에 안전에 특히 주의해야 한다. 휴대전화를 쓸 수 없는 극지에서는 휴대용 무전기나 위성전화가 유일한 통신 수단이다. 따라서 무전기나 위성전화 사용법을 알고 있어야 위급한 상황에 도움을 받을 수 있다.

극지에서는 쌓인 눈이 강풍에 휘날려 앞이 보이지 않는 블리자드blizzard 현상이 돌발적으로 일어날 수 있다. 극지에서 현장 탐사를 할 때는 적어도 2인 1조로 활동하는 것이 좋다. 위급한 상황이 닥쳤을 때 도와줄 사람이 있어야 하기 때문이다.

출발 전에는 누가 어디로 무엇을 하러 가는지 반드시 기지에 알려야 한다. 활동 중에는 보통 1시간 간격으로 본부에 정상적으로 활동하고 있음을 알리고, 활동을 끝내고 기지로 돌아오면 복귀 통보를 한다.

극지에서 생존에 꼭 필요한 10가지 항목은 의복, 식량, 텐트, 무전기, 위성항법장치GPS, 응급용 의료 키트, 주머니칼과 같은 도구, 라이터, 배낭, 카메라이다. 현장 탐사를 나서면 기록도 해야 한다. 극지에서는 기온이 낮아 잉크가 얼어붙어 볼펜을 사용할 수 없으므로 볼펜보다는 연필을 사용한다. 연필은 전천후 필기도구이다. 미국에서 우주인이 무중력 상태에서도 쓸 수 있는 볼펜을 개발하려고 하자, 러시아(구소련)는 연필을 쓰겠다고 한 우스갯소리도 있다.

북극에서 가장 조심해야 할 동물은 북극곰이다. 우리는 대체로 TV 광고나 동물원에서 북극곰을 자주 보아서 친밀감을 느끼지만, 실제로 북극곰은 힘이 세고 무서운 야생동물이므로 조심해야 한다. 북극곰은 멀리서 바다사자 같은 먹이를 발견하면 얼음 밑으로 살금살금 헤엄쳐 갑자기 먹이를 덮치기도 하는 치밀한 사냥꾼이다.

북극곰은 북극권 전역에 분포하므로, 야외에서 활동할 때는 항상 주변을 경계해야 한다. 북극곰은 주로 먹이를 찾는 바닷가에 많지만, 바다에서 멀리 떨어진 육지라 해도 안심할 수 없다. 북극곰을 만나면 북극곰이 나타났다는 것을 다른 사람에게 알릴 의무가 있다. 만일을 대비하여 미리 사격 훈련을 받고 총기를 챙기는 것이 좋다. 다만 북극곰이 공격하여 목숨이 위태로운 상황이 아니라면, 총기는 주로 곰을 쫓는 목적으로만 사용한다.

북극곰을 사살한 사고가 2003년 9월 3일에 일어났다. 캐나다 배핀Baffin섬에서 미국인과 캐나다인 순록 사냥꾼을 안내하던 이누이트족 쿠투 쇼Kootoo Shaw가 새벽 4시경 텐트 안으로 들어온 북극곰의 습격에 중상을 입었다. 그는 다행히 목숨을 건졌고, 북극곰은 사냥꾼들에게 사살되었다고 한다.

극지에는 의료시설과 의사의 진료를 받을 수 있는 기회가 없기 때문에 사고가 났을 경우를 대비해 기초적인 응급처치법을 알고 있어야 한다.

기지지원팀장의 북극 다산과학기지에서의 생활 안내에 이어서 마지막으로, 찰과상이나 타박상, 예리한 물체에 피부가 찔리거나 잘려 피가 나는 경우, 화상이나 동상을 입었을 경우, 뼈가 부러졌을 경우, 물에 빠졌을 경우에 어떻게 대처해야 하는지를 기지지원팀 의사에게 응급처치법을 배웠다. 그리고 심폐소생술은 인형을 대상으로 직접 실행해 보았다.

05

다산과학기지를 가다

#첫째 날

7월 28일

북극으로 떠나는 날 잠시 잦아들었던 장맛비가 다시 엄청 쏟아졌다. 보통 7월 중순이면 장마가 끝나는데 올해는 7월 말에도 장맛비가 세차게 내린다. 기상청에서는 8월 초까지 장마가 이어져 가장 긴 장마가 될 거라고 예보한다. 이렇듯 긴 장마도 지구온난화의 영향일지 모르겠다.

북극 다산과학기지로 가는 방법은 여러 가지이지만, 우리는 독일 프랑크푸르트를 거쳐 노르웨이 오슬로에 도착해 그곳에서 스피츠베르겐섬으로 가는 항공편을 이용하기로 했다.

인천공항에서 출발을 기다리던 우리 비행기는 중국 상공의 비행기 정체로 50분가량 출발이 늦춰졌다. 예전에 중국 출장 때도 중국 항로로 비행하는 비행기들이 많아 출발이 늦춰졌다. 중국 경제 발전의 여파가 사회 곳곳에 미쳐 이제는

북극 다산과학기지 방문 경로

하늘 길까지 영향을 주고 있다.

프랑크푸르트 공항에서 노르웨이 오슬로로 가는 비행기를 갈아타야 해서 출발이 늦춰지자 신경이 쓰였다. 2시가 거의 다 되어 출발한 대한항공 비행기는 현지 시각으로 오후 4시 45분경 프랑크푸르트 공항에 안전하게 착륙했다. 거의 11시간을 날아온 이곳도 비가 내려 활주로가 젖어 있었다. 독일 프랑크푸르트 공항은 세계 각지에서 유럽으로 오는 중심축 공항 역할을 하고 있다. 그만큼 분주한 공항이다.

스칸디나비아 항공기는 저녁 8시 출발 예정이었다. 그런데 이미 짐을 실은 승객이 탑승을 취소하는 바람에 짐을 찾

느라 약 40분간 늦춰졌다. 약 1시간 40분을 날아서 밤 10시 20분 오슬로 공항에 도착했다. 한국 시간으로는 한밤중이라 잠이 쏟아져 자다 깨다를 반복했다.

현지 시각으로 밤 10시인데도 창밖으로 저녁노을이 하늘을 황금빛으로 수놓았다. 공항에 도착해서도 하늘이 코발트색으로 완전한 어둠이 내리지 않았다. 오슬로 공항 활주로도 비에 젖어 길게 불빛을 반사하고 있었다.

숙소는 이튿날 아침 트롬쇠를 거쳐 롱위에아르뷔엔까지 가는 비행기를 타야 했기 때문에 공항 근처에 호텔을 예약해

 오슬로 공항

놓았다. 약 10분 정도 걸리는 거리인데 공항과 호텔을 오가는 버스비가 무려 70노르웨이 크로네(당시 한화로 약 1만 4000원)였다. 노르웨이는 물가가 비싸다는 이야기를 들었지만, 피부로 느끼는 첫 순간이었다. 자정쯤 호텔에 도착해 체크인을 했다.

프랑크푸르트 공항에서는 더워서 땀을 흘렸는데 북쪽으로 오니 날씨가 점점 선선해진다. 이곳 온도는 18도. 약간 바람이 쌀쌀한데 오히려 기분이 상쾌했다. 한국에서의 오랜 장마와 후덥지근한 날씨에서 벗어나 처음 느끼는 상쾌함이다.

#둘째 날

7월 29일

오슬로만 해도 위도가 높아 밤 10시가 넘어서야 어두워지더니, 새벽 3시가 조금 넘으니 벌써 동이 튼다. 어두운 밤은 겨우 5시간 정도밖에 되지 않았다. 25여 년 전 6월 말, 하지 무렵에 덴마크 코펜하겐 대학을 방문했을 때, 밤 11시쯤 해가 지고 몇 시간 되지 않아 곧 해가 다시 뜨는 것을 신기해했던 기억이 되살아난다.

북극 가는 길 둘째 날, 아침 식사를 마친 일행은 8시 9분 셔틀버스를 타고 공항으로 향했다. 탑승권 자동발매기에서 탑승권을 뽑고 짐을 부쳤다. 우리가 탈 비행기는 트롬쇠를 거쳐 롱위에아르뷔엔까지 가는 스칸디나비아 항공이었다. 비행기는 9시 55분 정시에 출발했다.

중간 경유지인 트롬쇠는 북극권에 있는 노르웨이의 도시

이다. 트롬쇠 근처로 비행기가 접근하자 피오르(fjord, 빙하의 침식으로 만들어진 골짜기에 빙하가 없어진 후 바닷물이 들어와서 생긴 좁고 긴 만)를 비롯해 아름다운 경치가 내려다보인다. 눈 덮인 산꼭대기도, 육지를 가늘고 길게 파고든 바다도 공기가 맑아서인지 손에 잡힐 듯 선명하다. 내려다보이는 경치는 그야말로 한 폭의 그림이었다. 섬을 잇는 다리도 보이고 마을도 보인다. 이제 트롬쇠에 가까이 온 것이다. 비행기는 약 1시간 30분간 날아 11시 30분경 트롬쇠 공항에 사뿐히 착륙했다.

트롬쇠 공항에 약 30분간 착륙하여 이곳에서 내릴 사람은 내리고, 롱위에아르뷔엔까지 가는 사람들이 새로 탔다. 롱위

비행기에서 내려다본 경치

에아르뷔엔까지 가는 사람들도 오슬로에서 비행기를 탈 때 직접 챙긴 짐을 가지고 내렸다가 다시 탑승수속을 밟은 뒤에 같은 비행기에 올라 같은 자리에 앉아야 한다.

스발바르 제도는 노르웨이령이지만 이곳 이민국에서 출국 수속과 스발바르 입국 수속을 다시 한다. 이민국 직원은 스발바르에 왜 가는지, 단순 관광객인지 과학자인지 질문했다. 그리고 여권에 노르웨이 출국 도장을 찍어 주었다.

아주 짧은 시간이지만 깨끗한 북극권의 공기를 처음 맛볼

트롬쇠 공항

수 있는 좋은 기회였다. 일행 가운데 이지영 팀장은 공기가 맑은 곳에서는 실제 거리보다 더 가깝게 보인다고 한다. 그래서일까, 멀리 있는 산이 바로 코앞에 있는 것처럼 보였다.

비행기는 11시 55분경 다시 맑은 하늘로 치솟았다. 하지만 오슬로에서 트롬쇠까지 오던 것과는 달리 비행기 아래로 구름이 잔뜩 있어 아래가 보이지 않았다. 약 1시간 40분 동안 날아 오후 1시 40분경 드디어 스발바르 제도 스피츠베르겐섬의 롱위에아르뷔엔 공항에 착륙했다.

비행기에서 내리는 순간 찬 공기가 느껴졌다. 앞서 내린 사람들의 입에서 입김이 나는 것이 보인다. 북쪽으로 계속 날아오니 점점 기온이 떨어지는 것이 느껴진다. 이곳은 북극권이라 공항 근처가 황량하기 그지없다. 공항 하나 달랑 있을 뿐 편의시설은 거의 보이지 않는다. 그나마 공항에서 여행객을 맞아주는 박제 북극곰만이 이제 북극에 들어가는구나 하는 설렘을 부추긴다.

이곳에서 프로펠러 경비행기를 타고 북극 다산과학기지가 있는 뉘올레순까지 약 30분간 더 가야 한다. 뉘올레순으로 가는 경비행기 운영회사 건물은 일반 항공기 대합실 바로 옆에 붙어 있었고, 그 회사 사무실에서 약 1시간 30분 동안

롱위에아르뷔엔 공항

공항에 전시된 박제 북극곰

대기하기로 되어 있었다(이 시간은 경우에 따라 달라질 수 있다). 이때 가지고 온 모든 짐의 무게와 각각의 몸무게를 재고 짐을 실은 뒤 비행기가 출발할 때까지 기다리면 된다. 경비행기는 보통 일주일에 월요일과 목요일에 왕복 2회(여름에는 3~4회)만 운영되기 때문에, 만약 경비행기 이용자가 그 시간을 놓치면 3~4일을 롱위에아르뷔엔에서 대기해야 한다.

어느덧 점심때가 지나 식사할 곳을 찾아보니 일반 항공사의 입국장 안으로 들어가거나 아니면 약 15분 걸리는 시내까지 가야 식당이 있단다. 이런 난감한 일이!!! 동행하던 한양대학교의 이찬길 교수가 만일을 대비해 비상식량으로 가지고 온 컵라면으로 끼니를 때우자는 제안에 모두들 환호했다.

실내에서 먹으면 강한 라면 냄새가 다른 사람들에게 방해될까 봐 경비행기 사무실에서 더운 물을 부어 밖에 나와서 라면을 먹었다. 이 교수가 가지고 온 떡을 라면에 넣어 먹으니 더 맛있었다. 한참 배고팠다가 먹는 컵라면 맛은 그 어떤 맛있는 음식에 비할 바가 아니었다. 비상용으로 가지고 온 컵라면이 진가를 발휘하는 순간이었다.

3시 20분경 일행은 뉘올레순으로 가는 경비행기에 탑승

뉘올레순까지 타고 간 경비행기

했다. 비행기가 작아서 한 사람이 가지고 갈 수 있는 짐의 무게는 20킬로그램을 넘으면 안 된다. 경비행기는 양쪽 창가에 좌석이 한 줄로만 있고 정원은 16명이었다.

북극기지에 자주 다녔던 극지연구소의 이방용 박사와 네오씨텍의 함석현 대표가 뉘올레순까지 가는 비행기에서 내려다보는 경치가 일품이라고 하여 구름이 걷히기를 고대했으나 희망은 물거품으로 돌아가고 말았다. 구름 위로 치솟은 비행기는 뉘올레순에 내릴 때까지 아래 경치를 볼 수 있는 기회를 주지 않았다.

구름 위를 약 30분 동안 날아온 비행기가 착륙하려고 고도를 낮추자 뉘올레순의 풍경이 잠깐 내려다보이고는 곧 착륙했다. 포장이 되지 않은 비행장 활주로는 단단히 다진 흙길이었다. 뉘올레순을 방문하기 위한 주요 교통수단은 경비행기이기에 이곳 공항은 반드시 거쳐야 할 관문이다.

최종 목적지에서 가랑비가 우리를 반겨준다. 뉘올레순에 비가 내리고 있었다. 미니버스가 공항에서 바라보이는 곳에 자리 잡은 기지까지 데려다 주었다. 걸어가도 될 만한 약 2킬로미터의 거리였다.

뉘올레순 과학기지촌의 서비스센터에 들러 숙박계를 작성하고, 바로 앞 건물에 있는 대한민국 북극 다산과학기지에 드디어 들어섰다.

나무 한 그루 없는 황량한 산 곳곳에는 여름 동안 녹지 않은 잔설이 보이고, 평지에는 이끼와 풀이 양탄자처럼 깔려 있었다. 아, 이것이 여름을 맞은 북극의 모습이다! 이슬비가 내렸지만 기지 주변을 다니며 땅에 낮게 깔린 식물들의 사진을 찍었다.

뉘올레순은 원래 탄광촌이었으나, 현재는 북극 환경 연구를 위한 국제과학기지촌으로 운영되고 있다. 기지촌의 운영은 과거 탄광회사였던 노르웨이의 킹스베이 사에서 맡고 있으며, 시설 관리를 비롯하여 모든 편의 서비스를 제공한다.

기지 주변 풍경

다산과학기지가 있는 건물

기지촌에는 현재 우리나라를 포함하여 노르웨이, 영국, 독일, 프랑스, 네덜란드, 스웨덴, 일본, 이탈리아, 중국 등 10개국이 기지를 운영하고 있다. 우리나라와 프랑스가 공동으로 사용하는 건물 바로 옆에 중국이 단독으로 사용하는 쌍둥이 건물이 있다. 중국 기지 출입문에는 중국 어디에서나 볼 수 있는 사자상을 양옆에 설치해 놓았고, 실내 복도에는 자연스럽게 중국풍의 분위기를 자아내는 빨간 카펫이 깔려 있었다.

중국 기지

다산과학기지의 시설물 관리와 운영을 책임지고 있는 극지연구소 기지지원팀의 이지영 팀장이, 기지촌에서 운영하는 무관세 기념품점이 월요일과 목요일 일주일에 이틀, 그것도 저녁시간인 5시부터 약 한 시간만 문을 여니까 기념품을 사려면 오늘밖에 기회가 없다고 귀띔을 해주었다.

관광객을 위한 북극곰 인형, 티셔츠, 컵 등 기념품, 스발바르에 관한 책, 맥주·포도주·보드카 등의 주류, 그리고 치

기념품점

약이나 칫솔 등 간단한 생필품을 판매한다. 예외가 있는데 유람선이 들어오면 이에 맞춰 문을 연다고 한다. 기념품점에는 눈에 띄는 간직할 만한 기념품은 별로 없었지만, 그래도 이곳에 와야만 구할 수 있는 몇몇 기념품은 인상적이었다.

뉘올레순 과학기지촌에 머무는 모든 과학자와 관리자들은 서비스센터 식당에서 하루 세끼를 해결해야 한다. 아침은 7시 30분에서 8시 30분 사이, 점심은 12시 20분에서 1시 사이, 저녁은 4시 50분에서 5시 30분 사이가 각각 정해진 식사시간이다. 식사는 뷔페식으로 빵과 햄, 치즈, 채소, 과일, 생선이나 육류, 시리얼, 과자 등이 차려 있다. 예전보다 식사의 질이 조금 떨어졌다는 것이 여러 차례 방문한 사람들의 공통된 의견이었다.

#셋째 날

7월 30일

북극에서 첫 밤을 보냈다. 말로만 듣던 백야를 실제 경험해 보았다. 정말 해가 지지 않는지 확인하려고 잠을 거의 자지 않았다. 하늘에는 구름이 잔뜩 끼어 있었지만 밤새 하늘은 대낮처럼 밝았다. 침실 창문에 암막 커튼을 치지 않고서는 도저히 잠을 못 이룰 정도였다.

시계가 가리키는 시각으로 밤 8시부터 새벽 6시까지, 2시간 간격으로 창밖으로 내다보이는 산의 사진을 찍었다. 사진 속 풍경은 산에 구름이 가렸다가 안개가 끼었다가를 제외하고는 하늘빛이 똑같았다. 직접 눈으로 북극의 백야를 확인하는 순간이었다.

뉘올레순 가운데 자리 잡은 부두는 배를 이용하여 오갈

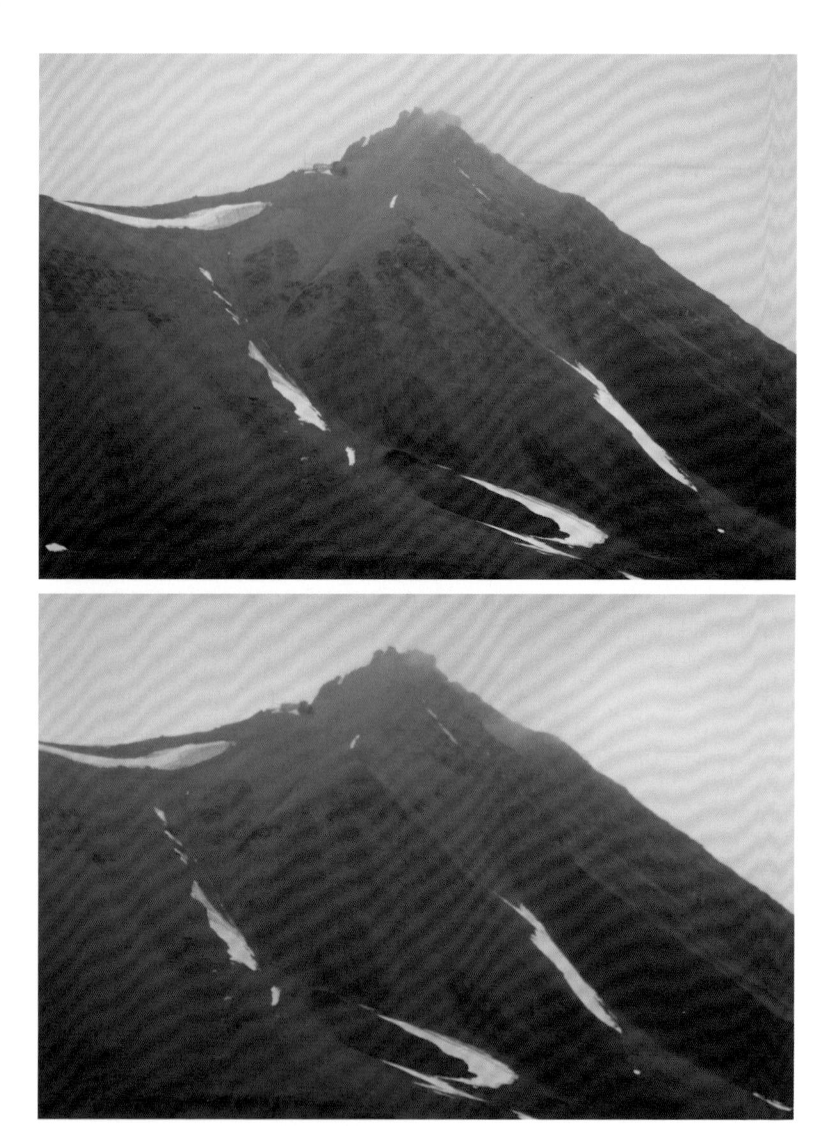

오후 1시(위)와 새벽 2시에 같은 장소에서 찍은 풍경

한밤중에도 해가 지지 않는 북극의 백야

수 있는 또 다른 관문이다. 피오르는 수심이 깊어 대형 선박도 드나들 수 있다. 우리 일행이 기지에 머물고 있을 때도 많은 관광객을 실은 대형 유람선이 뉘올레순을 방문했다. 부두에는 해양조사를 위한 소형 선박들이 계류할 수 있는 시설이 있다.

아침 9시에 고무보트(조디악)을 타고 북극 기지촌 주변의 빙하와 환경 변화에 대한 증거를 관찰하러 나갔다. 배를 타기 전에 방한과 방수가 되는 구명복을 입었다. 만약의 경우

빙하 관찰에 사용된 고무보트

안전복을 입은 탐사팀

바다에 빠지더라도 5시간은 버틸 수 있다고 한다.

날씨는 흐렸지만 바람도 없고 바다 표면은 마치 호수처럼 잔잔했다. 콩스피오르덴Kongs fjorden으로 가는 뱃길 앞에 군데군데 바다에 떠 있는 유빙이 가로막기도 했다. 어느 조각가도 흉내 내기 힘든 기이한 모양의 얼음조각은 그야말로 조각 전시장을 방불케 했다. 물위에 앉아 있는 새를 닮은 얼음, 버섯처럼 생긴 얼음, 삿갓처럼 생긴 얼음도 있었다.

가끔 고무보트가 작은 얼음덩어리를 제치고 달릴 때는 보트 밑바닥이 긁히는 소리가 들렸다. 방한·방수복을 입기는 했지만, 불안한 마음이 들었다. 하도 북극곰을 조심하라는 이야기를 들어서인지 혹시 주변에 헤엄치고 있는 북극곰은 없는지 두리번거리기도 했다. 북극곰이 물속에서 갑자기 배로 뛰어들면 어쩌나, 영화 「죠스」에서 거대한 백상아리가 배로 뛰어드는 장면이 자꾸 떠올랐다.

우리가 방문한 기지 주변의 콩스피오르덴은 자연보호구역으로 지정되어 있다. 극지연구소 이방용 박사는 10년 전쯤보다 빙하가 많이 후퇴했다고 한다. 고무보트를 운전하는 킹스베이 소속의 선장이 심각한 표정으로 더 설명을 자세히 덧붙였는데, 지구온난화의 생생한 현장을 보는 것 같아 만감이 교차하는 시간이었다. 지구온난화로 빙하가 녹았기 때문이다.

미국 보스턴에서 태어나 20여 년간 스웨덴 극지연구소에서 일하고 있다는 에릭 박사도 동참했다. 그는 녹고 있던 빙하가 바다로 떨어지면서 거대한 물보라를 일으켜 배가 뒤집힌 사고도 있었다고 한다. 뉘올레순 항구를 뒤로하고 고무보트는 쏜살같이 빙하를 향해 질주했다. 바로 눈앞에 있어 손을 뻗으면 곧 닿을 것만 같았던 빙하가 제법 오랜 시간을 달려서야 도착할 수 있었다.

콩스피오르덴에 접근하자 빙하에서 떨어져 나온 엄청 큰 빙산들이 보이기 시작했다. 연한 하늘색을 띤 얼음이 신비로웠다. 어떤 빙산은 가운데 구멍이 뚫려 마치 바늘귀처럼 보이기도 했다. 빙산 뒤로는 거대한 빙하의 끝자락이 버티고 서 있었다. 높이가 몇십 미터는 너끈히 될 빙벽이었다. 군데

빙벽

조각 작품 같은 빙산

군데 무너져 내린 빙벽의 흔적이 보였다.

고무보트가 빙하 절벽에 접근하자 옥색의 신비로움을 간직한 빙하가 길을 가로막는다. 너무 가까이 다가가면 빙벽에서 떨어져 내리는 얼음 덩어리에 자칫 위험한 상황이 벌어질 수도 있어 적당한 간격을 두고 배를 멈췄다. 예전에 알래스카에서 빙하를 본 적이 있지만, 그곳은 위도상 북극권은 아니었다.

북극의 빙하를 보며 자연의 경이로움에 탄성이 절로 나왔다. 그러나 지구온난화로 아름다운 빙하가 녹아내리는 현장을 비로소 접하자 환경문제에 대한 걱정이 앞섰다.

배를 몰던 선장이 주변에 북극곰이 있다는 무전 통신을 받더니 북극곰이 있는 곳으로 배를 빠르게 몰았다. 한참을 가니 바닷가를 어슬렁거리는 북극곰이 시야에 들어왔다. 배가 접근하는 만큼이나 북극곰도 점점 산 쪽으로 움직였다.

스발바르 제도에는 북극곰이 3천 마리가량 있다고 한다. 사람보다 북극곰이 더 많은 셈이다. 그렇더라도 현지인이 북극곰을 볼 기회는 아주 드물다고 한다. 오늘 우리는 고무보트를 타고 빙벽 관찰을 나갔다가 정말 우연히 바닷가를 어슬렁거리는 북극곰을 보았다! 때마침 우리가 탄 보트 옆에 외국 과학자들이 타고 있는 요트의 선장이 우리 배의 선장에게 북극곰이 있다고 알려준 덕이다.

이곳을 여러 차례 방문한 사람들도 북극곰을 볼 기회가 여태까지 한번도 없었다는데, 우리는 운이 무척 좋았다. 재빨리 카메라 렌즈를 망원렌즈로 바꿔 북극곰 사진을 찍었다. 그러나 북극곰이 워낙 멀리 떨어져 있어 아쉽게도 화면을 가득 채우는 사진을 찍지는 못했다.

다음에 들른 곳은 북극갈매기의 집단 서식지이다. 바위 절벽을 하얗게 수놓은 수백 수천 마리 갈매기 떼가 장관이었다. 갈매기가 이렇게 많은 것은 바닷물 속에 이들의 배를 채

북극곰

워줄 물고기 또한 많다는 증거이다. 북극의 차가운 바닷물 속은 사막처럼 황량한 곳이 아닌 먹잇감으로 가득한 풍요로운 식량 창고였다.

바다에는 하얀 갈매기와 하얀 얼음이 둥둥 떠 있었는데, 얼음 모양이 마치 새처럼 보이는 것도 있어 어느 것이 갈매기이고, 어느 것이 얼음인지 구별이 잘 되지 않았다. 우리는 이곳에서 바닷물에 떠 있는 양동이만 한 얼음 덩어리 하나를 건져 맛을 보았다. 오랜 세월에 걸쳐 만들어진 태곳적 얼음의 맛을!

수백 수천 년 동안 쌓인 눈이 얼음 덩어리로 변한 빙하는

북극갈매기 서식지

그냥 바닷물이 얼어서 만들어진 바다 얼음과는 다르다. 빙하의 쌓인 눈 틈새에는 당시의 공기가 들어 있고, 그 위에 계속 눈이 쌓이고 높은 압력으로 눌리면서 얼음이 만들어진다. 얼음 속에는 당시 공기방울이 높은 압력으로 가두어져 있다. 빙하학자들은 이 얼음 속에 들어 있는 오래전의 공기 성분을 분석하여 당시 기후와 환경이 어떠했는지를 알 수 있다.

돌아오는 길에는 물 위에 떠 있다가 놀란 퍼핀puffin이 어색한 몸짓으로 날아오르는 것을 보았다. 남극에 펭귄이 있다면 북극에는 퍼핀이 있다. 펭귄도 예쁘지만 부리가 주황색이 도는 퍼핀도 참 귀엽다. 보트가 빨리 달리고 퍼핀도 빠르게 날아올라 예쁜 풍경을 사진에 담지 못해 못내 아쉬웠다.

오후에는 기지 주변의 동식물상을 관찰하러 나갔다. 북극제비갈매기가 하늘을 날고, 흑기러기들이 땅에서 먹이를 찾고 있었다. 북극제비갈매기가 모여 있는 곳으로 가서 1시간여 동안 꼼짝하지 않고 이들의 행동을 관찰했다. 기다린 보람이 있었다. 북극의 여름은 북극제비갈매기들의 짝짓기 계절이라 여기저기서 암컷에게 구애를 하는 수컷 북극제비갈매기들이 보였다. 수컷은 바다로 날아가 입에 먹음직스러운 물고기를 물고 와서는 맘에 드는 암컷 앞에다 내려놓는다.

암컷에게 물고기를 주는 수컷

북극제비갈매기

이때 수컷이 준 물고기를 암컷이 받아먹으면 수컷이 맘에 든다는 의사표시이다. 사람이나 북극제비갈매기나 구애하는 방법에 별 차이가 없음을 새삼 느꼈다.

자리를 옮겨 꼼짝 않고 앉아 있는 북극제비갈매기 쪽으로 갔다. 갑자기 녀석이 날아오르더니 내 머리 위에서 마치 부리로 쪼아 버릴 듯이 공격을 해왔다. 문득 사전 교육 때 들은 주의사항이 떠올라 마침 가지고 있던 우산을 높이 들었다. 극지연구소에서 실시한 극지적응 안전교육의 중요성과 필요성을 새삼 확인한 순간이었다. 긴 물체를 머리 위로 들어 올리면 새들의 공격을 피할 수 있다는 것!

그러나 북극제비갈매기는 도망가기는커녕 더욱 맹렬하게 공격해 왔다. 내 머리를 스치듯이 날아오르기를 반복하다가 공중에서 똥을 투하하는 것이 아닌가! 아닌 밤중에 홍두깨로, 머리와 옷에 새똥을 뒤집어쓰고 말았다. 부랴부랴 우산을 펴서 안개비 대신 새똥을 막았다. 새가 날아오른 곳에는 알이 있었다. 어미 새가 자기 알을 보호하기 위해 접근하는 나에게 맹공격을 퍼부었던 것이다. 비록 새똥을 뒤집어쓰기는 했지만, 어미 새의 강한 모성 본능에 숙연해졌다.

미안한 마음에 자리를 얼른 피해 흑기러기가 먹이를 먹는 곳으로 갔다. 흑기러기 무리의 일부는 다리에 고리를 차고 있어 과학자들이 흑기러기의 이동을 연구하는 것으로 짐작되었다. 새끼들을 데리고 부모 흑기러기가 뒤뚱거리며 앞장서는 모습이 정겨웠다. 땅에 깔린 지의류를 부지런히 뜯어 먹는 모습에 이곳이 북극 맞나 하는 생각이 스쳤다. 여느 온대지방의 풀밭에서 기러기들이 풀을 뜯어먹는 모습과 크게 다르지 않아서였다.

새끼를 돌보는 흑기러기

#넷째 날

7월 31일

이곳 스발바르 제도의 여름은 공식적으로 7월 한 달이다. 8월부터는 가을로 접어든다. 그러니 오늘이 이곳 여름의 마지막 날인 셈이다.

새벽 4시경 짙은 구름 사이로 파란 하늘이 얼굴을 내민다. 오늘은 날씨가 좋아질까 기대했는데 금세 다시 흐려져 비가 내리기 시작한다. 우리가 북극기지에 머무는 동안 계속 흐리거나 가랑비가 내리기는 했어도 주룩주룩 비가 내리기는 처음이다. 장기 예보를 보니 앞으로도 1주일 이상 날씨가 흐리거나 비가 내리는 날씨가 계속될 것 같다.

오전에 비가 와서 차를 타고 기지 주변을 다니며 사진을 찍었다. 뉘올레순 과학기지촌을 벗어나 조금만 나가도 차가

북극곰 경고문

총을 휴대한 과학자들

다닐 만한 길이 없었다. 기지촌을 벗어나면 사람이 다닐 수 있는 길도 거의 없다. 곳곳에 빙하가 녹으면서 생긴 개울들이 있어 위험하고, 언제 북극곰이 나타날지 몰라 총 없이 걸어 다니지 말라는 경고문이 군데군데 세워져 있다. 실제로 기지에서 멀리 떨어진 곳을 조사하러 나가는 과학자들은 총을 메고 자전거를 타고 다녔다.

과학기지촌 전 시설물에 전기와 온수를 공급하는 발전소를 방문했다. 발전소를 운영하는 킹스베이 사의 기술자가 발전소 구석구석을 안내해 주었다. 발전기가 2대 있으며, 여름에는 1대를 가동하고 겨울이 되어 날씨가 추워지면 2대를 모두 가동한다고 한다. 디젤을 사용하는 화력발전소이다. 발전기와 배관 등이 반짝반짝 윤이 난다. 언제 건설했는지 물으니

화력발전소 외부(위)와 내부

1996년에 건설했다고 한다. 거의 20년이 되었는데 얼마나 관리를 잘했으면 지은 지 얼마 되지 않은 발전소처럼 보일까? 그곳에 근무하는 관리자들의 철저한 자기 역할과 임무에 대한 책임감에 찬사를 보냈다.

박물관에도 들렀다. 예전에는 탄광박물관이었다지만 폐광되고 나서 과학기지로 바뀐 뒤로는 북극의 자연과 연구 장비 등을 전시한다고 한다. 박물관이라 하기에는 좀 미흡하지만, 나름 북극의 동식물상이나 빙하에 관한 과학적인 내용을 판넬이나 동영상으로 전시된 것을 보고 그곳의 환경과 역사를 엿볼 수 있는 기회가 되었다. 또 화석이나 플랑크톤 그물net 등 연구 장비 몇 가지도 아울러 전시되어 있다.

오늘도 독일 크루즈선이 도착하여 과학기지촌에는 우산을 받치고 돌아다니는 관광객들로 붐볐다. 기념품점에는 기념품을 사려는 사람들로 북적였고, 우체국에는 기념엽서를 부치려는 사람들로 문 밖까지 긴 줄이 이어졌다. 독일에서 온 노부부가 극지연구소의 차를 보더니 남한에서 왔느냐 북한에서 왔느냐며 묻는다. 그러면서 얼마나 오랫동안 머무느냐, 무슨 일을 하느냐 하면서 관심을 보인다. 캠코더로 우리를 찍으며 뉘올레순에서의 만남을 영원히 기억하겠다고 한다.

다산과학기지의 2층에는 사무실과 과학자들의 침실이 있고, 1층에는 실험실이 있다. 현미경실, 생물실험실, 지구물리실험실 등 과학자들이 사용하는 실험실을 둘러보았다. 복도에는 북극 연구에 대한 간단한 소개 포스터가 붙어 있다. 다산과학기지 앞 바다에 사는 미세조류와 대형 해조류를 소개하는 내용이 눈에 띈다. 그때까지 기지 주변에서 녹조류 9종, 갈조류 18종, 홍조류 9종을 채집하여 연구하고 있으며, 해양 미세조류 67주와 담수 미세조류 43주를 배양하고 있다고 한다.

또한 얼음 속에서 사는 생물에서 결빙 방지물질을 추출하

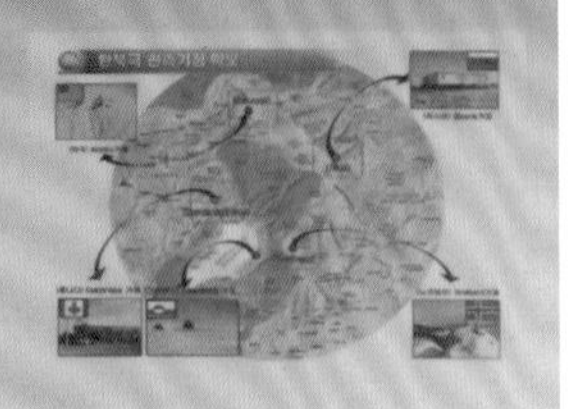

환북극권 관측 거점 구축 및 환경변화 모니터링
북극권의 동토층은 전지구 유기탄소의 50%를 차지하는 양이 분해되지 않은 상태로 저장되어 있으므로, 최근 온도의 상승에 따른 동토층 내에 저장된 탄소 방출에 대한 관심이 대두되고 있다. 영구동토(permafrost)란 2년 연속 0℃ 이하를 유지하는 지역으로 시베리아, 캐나다, 알래스카, 노르웨이 등 환북극 지역과 일부 냉대 지역을 포함하고 있으며, 전 지구 육상면적의 1/4을 차지하고 있다. 이에 극지연구소에서는 지구온난화에 의해 심각한 융해현상이 일어나고 있는 동토층의 내부구조에서부터 토양, 식생, 대기에 이르는 전반적인 툰드라 시스템을 유기적으로 연결하기 위하여 지구물리학, 토양학, 미생물학, 대기과학 및 생태학 등 다학제간 연구를 진행하고 있다. 이를 위해 노르웨이(스발바르)의 다산과학기지를 비롯한 미국, 캐나다, 그린란드 동토 지역에 관측 거점을 확보하고 지속적인 환경변화 모니터링이 가능하도록 북극권 연구를 확장하고 있다.

기지에서 수행하는 연구를 소개하는 포스터

여 활용하는 연구를 소개한 내용도 있다. 이밖에도 북극 대기 중의 이산화탄소를 관측하고, 인공위성을 이용하여 극지 빙하가 녹는 것을 연구하며, 북극권 동토층의 환경 변화 연구를 소개하는 내용도 있다. 북극 체험단 학생들이 오면 도움이 될 만한 내용들이었다.

다산과학기지가 설치된 2002년 이후 매년 극지연구소 연구원을 비롯하여 대학, 연구기관 등에서 약 70명이 기지를 방문하여 해양과 육상 생태계, 기상, 지질, 빙하 등 다양한 분야에서 연구를 한다. 또한 극지연구소는 과학창의재단과 함께 2006년부터 중고등학생들을 선발하여 북극 연구 활동을 체험할 수 있는 프로그램을 운영해 오고 있다. 우리가 방문하던 날도 극지 체험을 왔던 학생들이 떠났다고 한다.

복도에는 반기문 유엔 사무총장이 기지를 방문했던 사진이 붙어 있다. 반 총장은 2009년 9월에 노르웨이 정부 초청으로 다산과학기지를 찾았다. 2012년 9월에 다산과학기지 설립 10주년을 맞아 권도엽 국토해양부장관이 다산과학기지를 방문하여 찍은 사진과 그동안 다산과학기지를 방문했던 국내 주요 인사들의 모습도 사진으로 남아 있다.

킹스베이의 서비스센터 2층 휴게실에는 권 장관이 기증했다는 대형 TV가 놓여 있다. 다산과학기지 응접실에는 이명박 전 대통령이 쓴 '새로운 지평 더 큰 대한민국'이라는 휘호 족자가 걸려 있었는데, 우리나라의 북극 진출과 정책의 의지라는 생각이 들었다. 결국 이 같은 과학자들의 노력과 정부의 의지가 담겨 우리나라는 2013년 5월의 북극이사회의 정식 옵서버 국가가 되었고, 그만큼 국격이 높아진 것이라고 생각했다.

점심식사를 한 뒤 MBC에서 제작하여 시청자들의 관심을 끌었던 다큐멘터리 「북극의 눈물」을 보았다. TV에서 방영할 때 보았지만, 북극에 와서 「북극의 눈물」을 보니 느낌이 사뭇 달랐다. 이곳으로 오기 전 북극에 관한 책을 읽고 공부를 한 덕분에 새삼 깊이를 더할 수 있었다.

저녁 먹기 전에 다시 카메라를 목에 걸고 우산을 편 뒤 과학기지 뒤편 산 쪽으로 향했다. 몇 번 걷던 길이지만 갈 때마다 새로운 식물이 눈에 띈다. 척박한 환경에서 참 고운 꽃을 피우는 식물이 정말 대단하게 느껴진다. 북극에 올 때 이방용 박사가 극지연구소 이유경 박사 등이 쓴 책 『북극식물』을 건네주어 식물 이름이 무엇인지 찾아보기도 했다.

보라색 꽃이 피는 북극이끼장구채와 흰 꽃이 피는 다발범의귀가 가장 흔하게 눈에 띄었다. 범의귀라는 이름이 참 재미있다. 꽃잎을 자세히 보면 무늬가 꼭 호랑이의 귀처럼 보인다. 누가 이름을 붙였는지 정말 잘 붙였다.

다발범의귀

이제 자고 나면 북극 다산과학기지를 떠나야 한다. 오늘도 하루 종일 비가 오락가락했다. 북극에는 비오는 날이 그리 많지 않을 텐데, 이러한 현상도 아마 지구온난화의 영향이 아닐까 생각해 본다. 한편으로는 이렇게 계속 궂은 날씨만 보고 뉘올레순을 떠나야 하나, 생각하니 많은 아쉬움이 남는다.

#다섯째 날

8월 1일

백야 때문에 며칠 동안 계속 잠을 설쳐서 어제는 저녁식사 후 일찍 잠자리에 들었다. 그래서인지 자정 무렵에 눈이 저절로 떠졌다. 순간 창밖으로 파란 하늘이 보이는 것이 아닌가! 이끼 때문에 누릇누릇하던 초원이 강한 햇빛에 전혀 다른 모습으로 펼쳐졌다. 번개를 맞은 듯 벌떡 자리를 박차고 일어났다. 일분일초가 아까웠다. 후다닥 옷을 챙겨 입고 모자와 장갑을 끼고는 부리나케 밖으로 나갔다.

며칠 동안 보았던 그 경치가 아니었다. 나는 정말 운이 좋았다. 북극의 맑고 깨끗한 파란 하늘과 하얗게 빛나는 빙하, 옥색으로 빛나는 유빙을 북극기지를 떠나기 전에 볼 수 있다니! 신이 있든 없든 간에 누군가에게 감사하는 마음이 절로 솟는다. 감사합니다, 북극의 파란 하늘을 내게 주셔서.

파란 하늘을 보인 북극기지촌

그동안 돌아다니며 사진을 찍던 곳을 다시 답습했다. 가끔 보이던 순록도 다시 나타나 모델이 되어 주었다. 땅에 낮게 깔려 있던 식물도 햇빛을 받아 환하게 웃고 있었다. 보이지 않던 곤충도 눈에 띈다.

눈부신 해와 맑은 하늘을 볼 수 있는 시간은 고작 1시간여밖에 되지 않았다. 부지런히 사진을 찍고 있으니 하늘은 다시 구름으로 닫히기 시작했다. 방에 돌아와 내다보니 이끼를 뜯어먹던 순록이 어디로 갔는지 보이지 않는다.

찍은 사진을 보고 글을 쓰고 있노라니 창밖으로 처음 보는 동물이 지나가는 듯했다. 벌떡 일어나 카메라를 들고 창가로 갔다. 급한 마음에 셔터를 누르니 찍히지를 않는다. 카메라 전원을 켜지 않았던 것. 얼른 전원을 켜고 창밖을 지나가던 동물의 사진을 찍었다. 북극여우였다. 오기 전에 사진을 꼭 찍어

다시 나타난 순록

북극여우

야지 마음먹었던 것 중에 북극여우만 찍지 못해 아쉬움이 컸었는데 마지막 선물이 나타난 것이다. 연이은 행운이 따랐다. 버릇처럼 짬짬이 창밖을 내다본 덕을 톡톡히 보았다.

한 가지 더 욕심을 부려 뉘올레순에서 롱위에아르뷔엔으로 경비행기를 타고 돌아갈 때 날씨가 맑아 아래 경치를 볼 수 있었으면 하는 바람으로 새벽 4시쯤 다시 잠자리에 들었다. 잠깐 잠자는 사이 하늘에 다시 짙게 구름이 드리웠고 비가 제법 내린다.

매일 같은 메뉴인 아침도 이제 마지막이다. 빵은 색깔이 누렇고 먹기에도 질겨 우리 기준으로 보면 맛이 영 아니지만 건강에는 아주 좋을 듯하다. 매일 그랬듯이 빵에 잼을 바르고 치즈와 햄, 살라미를 넣고 오이 피클과 빨간 비트를 얹어 샌드위치를 만들어 먹는다. 여느 날과 달리 스프가 나왔고 맛이 있었다. 식당에 들어가면 두 발로 서 있는 북극곰 박제 표본이 있다. 마지막 식사를 끝낸 뒤 북극곰 옆에서 기념사진을 찍었다. 밖에 나가 기지촌 한가운데 서 있는 아문센 동상 옆에서도 기념사진을 찍었다.

북극기지를 떠나기 전에 반드시 쓰던 방과 기지를 청소해야 한다. 진공청소기로 방과 사무실 등을 청소하고, 요와 이

아문센 동상

불 그리고 베개 커버, 수건 등을 세탁실에 가져가 하얀색 천과 색깔이 있는 천을 구분하여 세탁 바구니에 넣었다.

북극 기지는 쓰레기 분리수거가 철저했다. 서비스센터에 종이, 단단한 플라스틱, 비닐, 금속은 물론 종이도 두꺼운 골판지와 사무용 종이를 구분하여 버린다. 이렇게 하지 않으면 마지막 남은 북극의 환경마저 인간들의 손에 더럽혀지고 말 것이다.

정리를 하는 동안에도 크루즈선이 뉘올레순 항구에 들어와 관광객들을 풀어놓는다. 배에서 나누어 준 듯 똑같은 우산들을 쓰고 과학기지 주변을 구경하고 다닌다. 쓰레기 정리를 끝내고 방으로 돌아와 창 앞에 섰다.

체류기간 동안 북극에 사는 야생동물을 발견할 수 있지 않을까 하여 잠자는 시간에도 아무 때고 일어나 밖을 내다보던 창이다. 창은 기대를 저버리지 않았다. 순록을 발견한 순간도 그랬고, 북극여우를 발견한 순간도 그랬다. 흑기러기나 도요새, 북극제비갈매기도 삭막한 북극 자연환경에 생명을

불어넣는 주인공들이다.

10시에 서비스센터로 가서 체크아웃을 했다. 북극 다산과학기지에 머무는 동안의 식사비와 롱위에아르뷔엔에서 뉘올레순까지 왕복 경비행기 항공료를 지불했다. 식비는 하루에 약 10만 원, 편도 약 30분 걸리는 경비행기 값은 왕복 약 100만 원이었다. 노르웨이 물가가 비싸다고는 하지만 이곳을 방문하기에는 결코 만만치 않은 액수이다.

비가 주룩주룩 내려 비행기가 제대로 뜰까 걱정되었다. 비행기는 월요일과 목요일만 운행하는데 만약 일기가 좋지 않아 뜨지 못하면 귀국 일정이 뒤죽박죽이 되기 때문이다. 비행기가 올 시간이 되자 공항 주변에 항공기 안전을 위해 만들어 놓은 유도등에 불이 들어왔다. 이는 롱위에아르뷔엔에서 오는 비행기가 뉘올레순에 착륙할 시간이 거의 되었다는 뜻이라고 한다.

비가 내리고 구름이 잔뜩 끼어 있어 비행 중에 빙하를 볼 수 있는 확률은 거의 없었다. 비행기에서 내려다보는 빙하의 경치가 정말 절경이라고 하는데……. 짐을 싣고 비행기에 올랐다. 빗물이 흘러내리는 비행기 창문 밖으로 그 사이 낯익은 풍경이 일그러져 보인다. 비포장 활주로에 새겨진 바퀴

유도등이 켜진 뉘올레순 비행장

자국도 유난히 구불거린다.

조종사는 비행기의 프로펠러를 힘차게 돌렸다. 비행기 기수를 활주로 끝에 대고 더욱 힘차게 프로펠러를 돌린다. 활주로를 박차고 솟아오른 비행기의 창문 밖으로 머물었던 북극 다산과학기지가 내려다보였다. 앞 바다는 빙하가 녹으면서 바다로 흘러드는 흙탕물로 누렇게 물들었다.

비행기가 구름 속으로 치솟자 아래는 온통 흰 솜을 뿌려 놓은 것 말고는 보이는 것이 없었다. 잠시 눈을 감고 회상에 잠긴다. 문득 눈을 뜨니 아니, 이게 웬일인가? 구름 사이로 빙하의 웅대한 절경이 숨바꼭질하듯 얼굴을 내미는 것이 아닌

가. 마지막 소원이 이루어졌다. 연신 카메라 셔터를 누른다.

산꼭대기를 하얗게 덮고 있는 눈과 산골짜기를 가득 채우고 있는 얼음 하며, 옥색으로 빛나는 거대한 얼음 벌판이 시야를 압도했다. 산꼭대기의 하얀 눈과는 달리 골짜기를 따라 바다로 이어지는 얼음의 행렬은 또 다른 장관이었다. 얼음의 강이라는 뜻의 빙하. 북극 다산과학기지에서 바라보면 산골짜기마다 빙하가 있지만, 직접 방문하지 못했다.

북극은 대기에 먼지가 적어 모든 사물이 가까워 보인다고 한다. 빙하가 손에 잡힐 듯 가까이 보이지만 실제 가려면 몇 시간을 걸어가야 하는 거리라 북극곰이 나타날 때를 대비하여 총기를 휴대하는 등 준비를 많이 해야 하기 때문에 나서지 못한 것이다. 그 대신 비행기에서 빙하의 또 다른 웅장함을 볼 수 있어 천만다행이었다.

뉘올레순을 떠난 비행기는 약 30분간 날아 롱위에아르뷔엔에 도착했다. 북극 다산과학기지 가는 길에 들렀던 곳이라

남아 있는 탄광 흔적

눈에 익었다. 이곳도 구름이 잔뜩 끼고 비가 내려 그렇지 않아도 풍광이 음산한데 더욱 을씨년스러워 보였다. 우리는 이곳에서 하루 머물렀다가 오슬로로 가게 된다.

하룻밤 묵을 곳은 옛날 이곳에 석탄을 캐는 탄광이 있었을 때 광부들이 거주하던 곳을 개조한 게스트하우스이다. 일인용 침대와 옷장, 책장이 있는 조그만 방에 욕실과 주방은 공동으로 사용하는 소박한 숙소였다.

이곳에서 우리에게 친숙한 규칙을 접했다. 실내로 들어갈 때 신발을 벗는 것이었다. 서양 사람들은 실내로 들어갈 때도 신발을 그냥 신고 있는 것이 보통인데 말이다. 아마도 이곳이 광산에서 일하던 광부들이 묵던 곳이라 갱에서 시커먼

석탄가루가 묻은 신발을 실외에 벗어 놓던 것에서 이런 규칙이 생겼을 것이다.

시간이 한시라도 아까운 상황이라 짐만 놓고는 롱위에아르뷔엔 시내로 걸어갔다. 시내라고 할 만큼의 규모는 아니지만, 그래도 호텔과 식당, 의류점과 공구점, 작은 마켓 등이 있는 스피츠베르겐섬의 어엿한 중심지다. 자동차를 타고 가기에도 거리가 애매하고, 택시를 불러 기다리느니 걷는 것이 더 빠를 듯하여 걷기로 했다. 다행히 내리막길이라 주변 경치를 둘러보면서 힘들이지 않고 도착했다.

목화솜처럼 생긴 식물

북극권답게 나무는 보이지 않고, 풀만 듬성듬성 자라는 틈에 군데군데 피어난 낯선 야생화가 풍경의 단조로움을 깨고 있었다. 목화솜처럼 생긴 이삭이 달린 풀도 여기저기 눈에 띄었다.

광부상

롱위에아르뷔엔 시내 한복판에는 광부상이 서 있다. 곡괭이를 들고 있는 모습이 많이 힘들어 보였다. 규모는 그리 크지 않지만 스발

박물관 내부

바르 제도의 자연과 역사를 전시한 박물관에는 알찬 내용으로 구성되어 있다. 스발바르에 사는 고래, 바다코끼리, 북극곰, 북극여우 등의 박제 표본을 볼 수 있고, 북극에서의 과학 탐사 기록과 광업의 역사, 고래잡이 역사도 자세하게 알 수 있다.

#여섯째 날

8월 2일

아침에 일어나 공항으로 가기 전에 주변을 둘러보며 식물 사진을 찍었다. 뉘올레순에서 보지 못한 새로운 식물들이 눈에 많이 띄었다.

바다에서 해무가 밀려와 우뚝 솟은 산봉우리를 휘돌고 지나간다. 그 모습이 선녀들이 사는 곳에 와 있는 듯한 착각을 불러일으킨다. 해무가 밀려오자 주변이 오리무중이라 방향 감각이 없어졌다. 빙하가 녹아 흐르는 물이 우르렁거리며 자갈이 깔린 하천에서 바다로 세차게 흘러간다. 안개 속에 물이 밀려오는 소리가 크게 들리니 순간 물이 덮칠 것 같아 가슴이 조마조마했다.

지구온난화로 녹아내리는 북극의 얼음이 얼마나 되는지 계곡을 채우면서 흘러내려 가는 물을 보면 짐작할 수 있다.

해무가 휘감은 산봉우리

혼탁한 계곡물

계곡물은 깨끗한 얼음이 녹아 흐르는 물이라고 생각되지 않을 정도로 혼탁했다. 얼음이 계곡을 따라 흐르면서 분쇄한 진흙이 물속에 많이 섞여 있기 때문이다.

공항에서 간단하게 점심식사를 하고 오슬로로 가는 비행기에 올랐다. 이 비행기도 오슬로로 바로 가지 않고 트롬쇠에 들렀다가 간다. 트롬쇠는 노르웨이 북쪽의 작은 도시이지만 여러 곳으로 가는 비행기가 드나드는 환승 공항 역할을 하기에, 트롬쇠 공항에서 짐을 가지고 내려서 노르웨이 입국 수속을 한 다음 다시 같은 비행기를 타고 오슬로까지 갔다.

노르웨이령인 스발바르 제도에서 같은 노르웨이를 가는데 마치 다른 나라에 가는 것처럼 출입국 수속을 하는 것이 영 어색했다. 같은 비행기라 자기가 앉았던 자리에 다시 앉지만, 좌석이 바뀌는 경우도 있다.

오슬로에 도착한 것은 늦은 저녁. 호텔에 체크인을 하고 서둘러 저녁을 먹으러 밖으로 나왔는데도 밤 10시 가까이 되었다. 늦게까지 문을 여는 식당이 없어 결국 햄버거로 저녁을 대신했다.

스발바르에서 밤이 없던 세상에서 지내다가 이제 다시 어두운 밤을 만나니 왠지 어색한 느낌이 들었다. 밤거리를 환하게 밝혀 주는 반짝이는 전등이 무척이나 반갑기도 했고…….

내일이면 귀국 길에 올라야 한다. 오슬로에 머무는 동안

오슬로 시청사

조금이라도 더 많은 것을 보려고 노르웨이 수도의 중심지라 할 수 있는 시청사 주변을 둘러본 뒤 호텔로 돌아왔다. 시청사는 2000년 우리나라 김대중 전 대통령이 임기 중에 노벨 평화상을 수상한 곳으로, 조명을 받은 시청사가 항구의 물에 반사되어 마치 한 폭의 유채화처럼 보였다.

아늑한 호텔로 돌아와 샤워를 하고 잠을 자기 전에 노르웨이에 관한 책을 읽었다. 노르웨이는 과연 어떤 나라인가? 노르웨이는 스칸디나비아 반도 북서쪽에 길쭉하게 자리 잡고 있으며, 국토의 40퍼센트가 북극권에 속한다. 덴마크, 스웨덴, 핀란드 등과 함께 우리가 흔히 북유럽국가라고 부르는 나라 가운데 하나이다.

국가의 정식 명칭은 노르웨이왕국이며, 헌법이 정한 범위에서만 왕이 권력을 행사하는 입헌군주제 국가이다. 면적은 약 32만 4천 제곱킬로미터로 우리나라 면적의 약 3.2배이다. 그러나 인구는 겨우 약 460만 명으로, 약 5100만 명인 우리나라의 약 11분의 1밖에 되지 않는다.

위도가 높지만 난류인 멕시코 만류의 영향으로 기후가 온화한 편이다. 겨울 평균 기온은 영하 4도, 여름 평균 기온은 16도이다. 노르웨이는 수산업이 발달한 나라답게 해산물이 유명하다. 특히 연어, 대구, 넙치, 청어, 송어가 인기 있다.

노르웨이는 누가 뭐라 해도 피오르(피오르드)가 유명한 볼거리이다. 빙하에 깎여 만들어진 U자형 협곡 해안 경치는 한 폭의 사진처럼 아름답다. 가장 유명한 피오르를 꼽자면 송네 피오르Sogne fjord, 하르당에르 피오르Hardanger fjord, 예이랑에르 피오르Geiranger fjord, 뤼세 피오르Lyse fjord를 들 수 있다. 그 가운데 송네 피오르는 전체 길이가 250킬로미터로 세계에서 가장 길고, 최대 수심이 1308미터에 이르는 가장 깊은 피오르이기도 하다. 노르웨이까지 왔음에도 빠듯한 출장 일정 탓에 피오르의 장관을 보지 못한 것이 못내 아쉽기는 했다.

#일곱째 날

8월 3일

아침 일찍 호텔을 나섰다. 공항으로 가기 전 그 짧은 시간에 바쁘게나마 프람Fram 박물관과 콘티키Kon-Tiki 박물관을 둘러보았다. 노르웨이 해양박물관도 바로 옆에 있었지만 내부 수리중이라 관람하지 못했다. 아쉬운 마음에 천막을 쳐 놓은 유리창 사이로 들여다보니 바이킹들이 타던 배가 보였다. 한곳에 모여 있는 이 세 박물관은 모두 노르웨이 오슬로 대학교의 부설박물관으로 운영되고 있다. 박물관은 시내 중심부와 가까운 곳에 있어 버스를 이용해도 되지만, 여름에는 시청사 앞의 선착장에서 페리를 타고 가는 것이 더 편리하다.

프람 박물관은 삼각형 모양의 건물로, 북극 탐험에 나선 프람호의 모든 것을 볼 수 있는 곳이다. 유명한 노르웨이 탐

박물관으로 가는 페리

험가이자 동물학자인 프리드쇼프 난센은 1893년부터 1896년까지 프람호를 타고 북극을 탐험했다.

프람호는 세계에서 가장 튼튼한 목선이다. 바닷물이 어는 북극해에서 얼음에 갇히더라도 배가 파손되지 않게 두꺼운 참나무로 만들어졌다. 두께는 뱃머리와 후미는 125센티미터, 측면은 70~80센티미터나 되었다.

실제로 프람호는 2년 동안 북극해의 얼음에 갇히는 사고를 겪었는데, 특수한 설계 덕분에 배를 조여 오는 빙압에도 부서지지 않았다. 범선인 프람호에는 돛대가 3개로, 가장 높은 것은 34미터이다.

또 한 명의 유명한 노르웨이 탐험가 로알 아문센은 1910년부터 1912년까지 프람호를 타고 남극 탐험에 나섰다. 남극

프람 박물관

프람호

탐험을 마치고 아르헨티나의 부에노스아이레스로 간 프람호는 1914년 노르웨이로 돌아와 비바람을 맞으며 항구에 정박했다. 제1차 세계대전이 끝나고 프람호를 보전하자는 움직임에 힘입어 1929년 수리를 시작하여, 1935년 새로 건설되는 박물관 안으로 옮겨졌다.

프람 박물관은 1936년 5월에 문을 열었다. 박물관 내부에는 길이 39미터, 폭 11미터인 프람호 실물이 전시되어 있고, 위층으로 올라가면 배 안으로 들어가 구경할 수도 있다. 프람호의 탐험 역사 설명은 친절하게 10개 국어로 되어 있으며, 한국어 설명판도 있어 무척 반가웠다.

콘티키 박물관도 무척 흥미로웠다. 콘티키호는 노르웨이 인류학자 토르 헤위에르달Thor Heyerdahl, 1914~2002이 가벼운 발사

콘티키 박물관 외부

나무로 만든 뗏목 배이다. 헤위에르달은 남아메리카에서 살던 사람들이 남태평양 섬나라(島嶼國)로 이주했다는 것을 밝히려고 뗏목을 만든 것이다.

헤위에르달은 1947년 4월 28일 동료 5명과 함께 직접 콘티키호를 타고 페루에서 출발했다. 콘티키는 바람과 해류를 따라 101일 동안 약 7000킬로미터를 항해하여 남태평양을 건너 8월 7일 프랑스령 폴리네시아에 속하는 투아모투섬에 도착했다. 이로써 그는 남아메리카 원주민들이 뗏목을 타고 남태평양 섬나라로 이주해 왔음을 증명했다. 콘티키호 항해 관련 다큐멘터리는 1951년에 제작되어 오스카상까지 받았으며, 박물관에서 상영하고 있다.

호텔로 돌아오는 길에 하늘이 갑자기 어두워지더니 폭우가

콘티키호 모형

갑작스러운 폭우

쏟아졌다. 어찌나 세차게 비가 오는지 앞이 안 보일 정도였고 거리는 금세 개울로 변했다. 우산을 써도 세찬 비에 옷이 다 젖었다. 건물 입구에 들러 잠시 비를 피했다. 그래도 하늘이 도와주었다. 박물관 구경할 때 비가 많이 왔으면 불편할 뻔했는데.

오슬로에서 가볼 만한 곳으로 콘티키 박물관, 프람 박물관, 노르웨이 해양박물관(바이킹선박 박물관) 이외에도 프로그네르Frogner 조각공원이 있지만 공항으로 가야 할 시간이 다가와 이곳은 들르지 못했다.

호텔로 돌아와 맡겼던 짐을 찾아 다시 공항 리무진 버스를 타고 오슬로 공항으로 향했다. 가는 길 내내 비가 왔다. 정말 이번 북극 현장 조사 기간에는 비가 내리지 않은 날이 거의 없었던 것 같다. 우리나라에서 장마를 피해서 온 것이 아니라 비를 쫓아다닌 셈이 되었다.

오슬로 공항에서 오후 3시에 영국 런던으로 향하는 비행기를 탔다. 영국이 가까워오자 연안에 해상풍력발전을 위해 세워 놓은 풍차가 엄청 많이 보였다. 한참을 가도 바다 한가운데 풍차 밭이 계속 이어졌다. 해상풍력은 신재생에너지 가운데 하나로 공해를 일으키지 않는 좋은 에너지원이다. 우리나라도 제주도나 대관령 등에서 풍력발전을 하고 있다.

런던 공항은 무척 붐비는 유럽 공항 가운데 하나이다. 우리가 탄 비행기는 착륙 순서를 기다리기 위해 런던 상공을 몇 바퀴나 맴돌았다. 그 덕에 런던 시내 구경은 덤으로 했다. 몇 차례 출장으로 눈에 익은 런던 템스강, 타워브리지Tower Bridge, 유럽에서 가장 높다는 대관람차 빅아이Big eye 등이 내려다보였다.

저녁 7시 30분 런던 공항에서 귀국행 대한항공 비행기를 탔다. 태극기 마크를 단 국적기를 보면 비록 몸은 외국에 있지만 마음은 한국에 있는 것처럼 편안하게 느껴지곤 한다.

비행기에서 내려다 본 런던 시내

이제 약 11시간을 날아가면 우리나라 시각으로 8월 4일 오후 2시 20분 인천국제공항에 도착한다. 8일 만의 귀국이다.

06

북극의 중요성

Alaska
(U.S.)

Bering
Strait

Wrangel

SIBERIAN
SEA

New
Siberian
Islands

Banks I.

Victoria
Island

ARCTIC
OCEAN

Q.Elizabeth I.

Severnaya
Zemlya

North
Pole

Ellesmere I.

Franz Josef
Land

Novaya
Zemlya

Baffin
Bay

Greenland
(DENMARK)

Svalbard
(NORWAY)

Jan Mayen
(NORWAY)

FINLAND

SWEDEN

Arctic Circle

ICELAND

Faroe Islands
(DENMARK)

NORWAY

Shetland

북극은 왜 중요한가?

지구 환경 변화에 대한 과학적, 사회적 관심이 높아지면서 극지 연구에 대한 중요성이 커지고 있다. 특히 우리나라는 북반구에 있어 한반도 기후에 영향을 미치는 북극의 역할을 이해하는 것이 무엇보다 중요하다. 또한 북극을 경제적으로 이용하기 위해서 북극으로 진출할 필요성이 커지고 있다. 북극에 대한 관심이 높아지는 또 다른 이유는 지구온난화로 북극해의 얼음이 녹으면서 북극해에 잠자고 있는 자원 개발과 북극 항로에 대한 기대감이 높아졌기 때문이다.

북극권에는 엄청난 양의 석유, 천연가스, 가스수화물(메탄하이드레이트), 석탄 등이 매장되어 있다. 또한 금과 은처럼 귀금속을 비롯해 텅스텐, 아연, 구리, 납, 철, 니켈, 몰리브덴 등이 매장되어 있다.

북극해의 해빙

북극해와 인근 베링해는 수산자원이 풍부하여 세계 주요 어장 가운데 하나로 꼽힌다. 우리나라도 1969년부터 베링해에서 명태를 잡았다. 또한 북극의 극한 환경에 사는 해양생물에서 신물질을 추출하여 의약품을 개발하는 등 극지생물은 생명공학의 재료로 활용될 수 있어 주목받고 있다.

북극해는 지구의 기후와 환경에 큰 영향을 미치므로, 지구 환경 변화를 감시하고 예측하려면 북극을 연구하여 자료를 축적하는 것이 필요하다.

지구온난화로 북극해의 얼음이 녹으면 해류 형태가 바뀌

어 기후변화가 생기며, 해수면이 높아져 연안지역이 물에 잠길 수도 있다. 북극해의 해빙은 나날이 심각해져 1970년대부터 북극해의 얼음이 줄어들기 시작해 현재 30퍼센트 이상 감소했다. 북극 기온은 지구온난화로 세계 평균 기온 상승률보다 2배나 빠르게 상승하고 있다.

북극 항로는 태평양과 대서양을 이어주는 매력 있는 항로로 떠오르고 있다. 유럽과 아시아, 북아메리카 서해안을 연결하는 최단 항로가 될 수 있기 때문이다. 북극 항로에는 러시아 연안을 따라가는 북동항로와 캐나다에 인접한 북서항로가 있다. 흔히 북동항로를 북극 항로라고 한다. 북동항로는 여름 동안 얼음이 녹아 뱃길이 열리는 반면, 북서항로는 여름에도 얼음이 잘 녹지 않아 배가 다니기 어렵다.

북극해를 통과하는 항로를 이용할 경우, 항로 거리가 줄어들어 이에 따른 물류비용을 절약할 수 있다고 한다. 뿐만 아니라 얼음을 깨면서 항해할 수 있는 쇄빙선박 건조 등 조선산업에도 큰 영향을 미칠 것이다.

현재 북극권 주변 국가들은 북극 항로 개발에 관심을 가지고 영토와 자원을 확보하기 위해 치열한 경쟁을 펼치고 있다. 우리나라도 북극 항로와 북극해 개발 참여를 140대 국정 과제(나라에서 우선적으로 수행해야 할 과제) 중 하나로 선정했다.

지구온난화 영향으로 2020년쯤이면 연중 100일 이상 북극 항로를 이용한 운항이 가능해지리라는 전망이 나오고 있다. 우리나라에서 배로 유럽을 가려면 인도양을 지나 수에즈 운하를 통과한 뒤 지중해를 가로질러 네덜란드 로테르담 항구까지 약 2만 2000킬로미터 거리를 항해해야 한다.

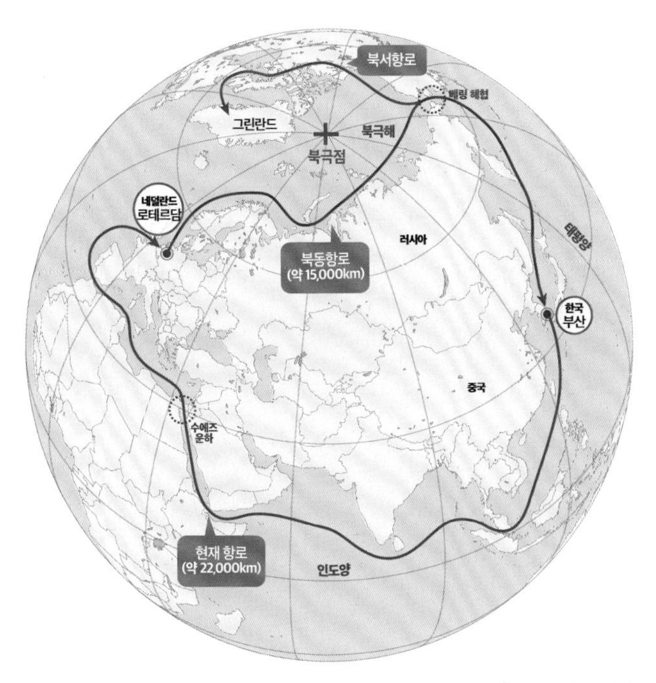

북극 항로 현황

북극 항로를 이용하면 동해와 베링해, 북극해를 지나 로테르담 항구까지의 거리가 약 1만 5000킬로미터로 10일 정도 항해 시간을 줄일 수 있다. 수에즈 운하를 이용할 때보다 약 7000킬로미터 뱃길이 단축된다. 시간이 절반으로 줄어들고, 연료비도 절감되어 물류비용이 싸질 수 있다. 그러나 겨울에 얼음이 얼면 항로를 이용할 수 없고, 얼음에 견딜 수 있는 화물선이 있어야 하는 등 아직까지 해결해야 할 문제가 많다.

북극 환경은 깨끗한가?

「남극조약환경보호 의정서」에 따라 자원 개발이 금지되어 있는 남극과는 달리, 북극에서는 오래전부터 자원 개발이 진행되었다. 이에 따라 환경이 파괴되고 오염 문제도 발생했다.

알래스카에서 생산한 석유를 운반하는 송유관을 설치하기 위해 툰드라 초원과 타이가 숲을 파괴한 결과 알래스카에 살던 조류와 포유류 숫자가 많이 줄어들었다. 한편, 송유관으로 순록의 이동 통로를 막아 순록 수도 줄어들었고, 송유관에서 새어 나온 석유로 환경이 오염되기도 했다.

미국, 러시아, 캐나다, 노르웨이, 덴마크, 아이슬란드, 스웨덴, 핀란드 등 북극권을 둘러싼 8개국을 중심으로 1989년부터 북극권 환경보호를 위한 본격적인 협의가 시작되었다. 1991년에 북극 환경보호 전략을 마련하여 북극 환경과 원주민 보호 등의 문제를 다루기 시작했다. 1996년 북극이사회가 창설된 이후에는 북극환경 모니터링 프로그램을 시행하고 있다.

북극은 핵실험장이 되기도 했다. 1961년 10월 구소련은 북극에서 수소폭탄 실험을 했다. 1955년부터 1990년까지 북극에서 무려 224차례의 핵실험이 있었고, 환경단체 그린피스의 강력한 반대운동으로 1990년 핵실험이 중지되었다.

그러나 그동안 핵실험으로 생긴 방사능 낙진이 북극 전역으로 퍼졌다. 1968년 핵무기를 실은 미 공군기가 그린란드 주변에 추락하여 핵무기가 폭발하는 사고도 있었고, 인공위성 코스모스 954가 캐나다 북서부에 떨어지는 방사능 오염 사고도 있었다. 2000년에는 러시아 핵잠수함이 바렌츠해 바닥에 가라앉았고, 구소련은 북극해에 핵잠수함 원자로를 비롯한 핵폐기물을 버리기도 했다.

우리나라의 북극이사회 정식 옵서버 국가 진출

우리나라는 2002년 북극에 다산과학기지를 설립한 이래, 매년 다산과학기지와 북극해 및 육상 동토지역에서 연구 활동을 하고, 차세대 지도자를 양성하기 위해 북극 연구체험단을 운영하며, 각종 북극 관련 국제회의에 참석하는 등 폭넓은 국제활동을 펼쳤다.

이 같은 과학 활동과 외교 노력에 힘입어, 2013년 5월 15일 스웨덴 키루나에서 열린 북극이사회에서 우리나라는 정식 옵서버 자격을 얻었다. 이때 일본, 중국, 인도, 싱가포르 등 북극해 영해와 관련이 없는 나라들도 함께 정식 옵서버가 되었다. 북극이사회 정식 회원국은 미국, 캐나다, 러시아, 노르웨이, 덴마크, 스웨덴, 핀란드, 아이슬란드 등 북극 연안 8개국이다.

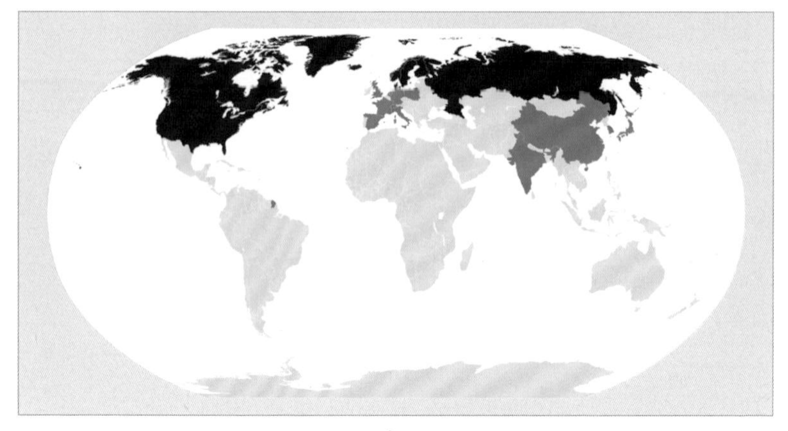

북극이사회 회의(■: 회원국, ■: 옵서버)

미국, 캐나다, 러시아, 노르웨이, 덴마크 등 북극해 연안 5개국은 경쟁적으로 북극 자원 개발 계획을 발표하고 대규모 탐사에 나서고 있다.

미국은 북극해에서 대규모 군사 훈련을 하는 등 북극 진출에 적극적으로 나서고 있으며, 캐나다는 북극권에 있는 10여 개의 개발 광구에서 탐사를 하고 있다. 러시아는 2007년 북극해의 배타적 경제수역 확보에 전략적으로 중요한 로모노소프Lomonosov 해령海嶺에 자국의 심해 유인잠수정 미르를 이용해 국기를 꽂음으로써 자국의 영토임을 대외에 알리는 시위를 했다. 노르웨이는 연안 5개국 중 가장 먼저 북극해에 대륙붕 한계선을 정하고 석유 탐사를 시작했다.

참고로 중국은 북극이사회에 정식 옵서버 자격을 획득하자마자 아이슬란드 북동부 해안지역의 석유개발권을 획득하는 등 발 빠르게 실리를 추구하고 있다. 한편, 아이슬란드의 레이캬비크 항구를 아시아와 유럽을 잇는 북극해의 환적 항구로 만들기 위해 시설 개발에 집중 투자하고 있다. 2012년 중국의 쇄빙선 설룡雪龍호는 칭다오–베링 해협–아이슬란드를 오가는 북극 항로 시험운항을 성공적으로 마치기도 했다. 중국이 북극 자원 개발에 뛰어들면서 북극해를 둘러싼 총성 없는 자원 전쟁은 점점 더 치열해질 것이다.

북극 연구는 왜 할까?

이제 마무리하면서 북극을 요약해 보자. 대륙인 남극과는 달리 북극은 북미와 유라시아 대륙으로 둘러싸인 바다로, 중심지역은 거의 대부분이 두꺼운 얼음으로 덮여 있다. 북극은 북위 66도 이상의 북극권, 산림성장 한계선, 빙하 남하 한계선, 영구 동토선 등 여러 가지 기준으로 구분하지만 일반적으로 7월 평균 기온 섭씨 영상 10도 등온선보다 북쪽을 가리킨다.

북극해는 면적이 1200만 제곱킬로미터로 지중해의 4배에 이르며, 전 세계 바다의 3퍼센트를 차지한다. 북극해 전체 면적의 70퍼센트는 대륙붕으로 광물자원이 풍부하고 주변 해역은 중요한 어장이다. 북극해 평균 수심은 1200미터이며 연중 두꺼운 얼음으로 덮여 있다.

북극은 육지로 둘러싸인 바다로 형성되어 있어 얼음이 고정되어 있지 않고 대부분 바닷물에 떠서 조류, 바람, 해류의 영향에 따라 움직인다. 이러한 얼음을 부빙浮氷이라 한다. 북극해의 바다 얼음은 중심 두께가 평균 3~4미터로, 가장자리로 갈수록 얇아진다. 북극해에는 20~30종의 물고기, 40여 종의 동물플랑크톤 등이 있는 것으로 알려졌다. 이는 전 세계적으로 서식하는 물고기나 동물플랑크톤과 비교했을 때 아주 적은 종류이지만, 수산자원으로 충분히 개발할 만한 가치가 있다.

북극에도 여름이면 기온이 오르고 여러 종류의 색깔이 아름다운 꽃이 피며, 곤충과 새와 포유동물을 볼 수 있다. 이 생물들은 비록 짧지만 따뜻한 여름인 2~3주 동안에 짝짓기를 하고 후손을 만든다.

북극은 지구 기후와 해류 순환 등 지구의 환경에 커다란 역할을 한다. 북극은 인간의 손길이 비교적 미치지 않아 작은 환경 변화에도 쉽게 영향을 받는다. 반대로 북극에서 일어나는 변화가 지구 전체에 중대한 영향을 미치고 있어 북극을 '지구의 기후를 만들어내는 곳'이라고도 한다.

지난 반세기가 넘는 기간 동안 북극에서 관측된 겨울철 평

북극의 여름

균 기온의 변화를 보면 지표 온도가 무려 섭씨 10~15도나 상승했음을 알 수 있다. 이 같은 현상은 정도 차이는 있지만 지표뿐만 아니라 대류권 전반에 걸쳐 관측되었다. 지구 기온의 작은 변화에 따라 극지역의 눈과 얼음의 양도 달라져 태양에너지의 흡수와 반사에 큰 영향을 미친다.

또한 툰드라 지대에 기온이 올라가면 온실가스인 메탄이 공기 중으로 다량 방출되어 온난화를 더욱 부채질하며, 북극 지역으로 흘러드는 강물의 양이 늘어나 전 대양의 열염분 순환thermohaline circulation에 영향을 미치게 된다. 이는 곧 지구 전반적인 온난화 현상이 극지방에서 더 심하게 나타난다는 뜻이다. 그만큼 지구 전체에서 극지방의 환경 변화에 더욱 관심을 가져야 하는 이유이다.

최근 북극 관련 연구 결과에 따르면, 1970년대 초반부터 북극해 중앙부의 바다 얼음 두께가 30퍼센트 이상 줄어들었으며, 북극 얼음 면적은 매 10년간 약 4퍼센트씩 줄어들었다. 이와 같은 북극 얼음 변화는 태양열이 지표에서 반사되는 양을 줄어들게 하여 기후에 더욱 악영향을 미친다. 또한 북극 툰드라 지대의 기온이 올라가면 동토에 매장된 메탄이 공기 중에 다량으로 방출되어 온실효과를 더욱 높이게 된다. 지구온난화 현상과 더불어 오존층 파괴가 북극에서도 관측되고 있다.

시베리아를 거쳐 북극해로 흘러드는 예니세이, 오비, 레나강은 세계에서도 손꼽히는 큰 강들로 바다로 흘러드는 모든 강물의 10퍼센트를 차지한다. 이는 실로 엄청난 양으로 북극해와 대서양, 태평양 사이의 해수 교환과 북대서양 해류 순환에도 큰 영향을 미치고 있다. 북극은 북유럽 기후를 따뜻하게 하는 멕시코 만류에도 영향을 미쳐 유럽 지역에 기상이변을 일으키는 주범으로 주목받고 있다.

이처럼 북극이 기후변화에 미치는 영향에 대해서 대서양 쪽에서는 비교적 잘 알려졌지만 우리와 가까운 태평양 쪽에서는 거의 알려져 있지 않다. 지금까지 북극은 우리와 멀리 떨어져 있어 우리와는 별로 관련이 없는 곳으로 인식되었다. 그러나 북극의 차가운 대기가 우리나라가 위치한 중위도 지역까지 밀려 내려옴으로써 주기적으로 이상기후 현상을 일으키고 있음이 밝혀졌다.

이 밖에도 최근 발견된 북극권의 오존 감소, 기온 상승에 따른 바다 얼음 감소, 그리고 기류 변화 등이 우리나라에 미치는 영향이 매우 클 것으로 예측된다. 따라서 우리나라도 북극권의 환경 변화에 따른 파급 효과에 대해 진단하고 예측하는 연구를 하고 있다.

앞으로 우리나라는 뉘올레순 과학기지촌에서 연구하는 세계 각국의 과학자는 물론, 미국, 캐나다, 러시아, 그린란드, 덴마크, 아이슬란드 등 북극 연안국 과학자들과 활발하게 국제 공동연구 과제를 펼쳐 북극에 대한 이해의 폭을 넓혀 나가야 할 것이다. 또한 북극 기상과 대기, 육상과 연안 생태계, 해양과 빙하, 육상 광물자원 등에 대한 연구 과제를 수행하여 우리나라에 미칠 영향을 예측해야 할 것이다. 앞서 이야기했듯이 북극은 우리와 관련 없는 아주 먼 곳이 아니라 우리 생활에 영향을 미치는 가까운 곳이기 때문이다.

■ 사진 출처

16쪽 (위) https://commons.wikimedia.org/wiki/ (© Vberger, at French Wikipedia)

(아래) https://commons.wikimedia.org/wiki/ (© Bjørn Christian Tørrissen)

36쪽 NOAA Photo Library (© Crew and Officers of NOAA Ship FAIRWEATHER)

38쪽 NOAA Photo Library (© Crew and Officers of NOAA Ship FAIRWEATHER)

43쪽 (위) https://pixabay.com/ko/photos

50쪽 NOAA Photo Library (© Dr. Kristin Laidre, Polar Science Center, UW NOAA/OAR/OER)

51쪽 NOAA Photo Library (© LCDR Gary Barone. NOAA/NMFS/National Marine Mammal)

52쪽 https://www.shutterstock.com/

55쪽 (왼쪽) National Digital Library of the United States Fish and Wildlife Service (© Joel Garlich-Miller, U.S. Fish and Wildlife Service)

(오른쪽) NOAA Photo Library (© Michael Cameron, NOAA/NMFS/AKFSC/NMML)

56쪽 NOAA Photo Library (© NOAA News 102110)

152쪽 https://commons.wikimedia.org/wiki/ (© ColdWarCharlie)